Ricardo Lafferriere

Innovación

Energías renovables para conservar la casa común

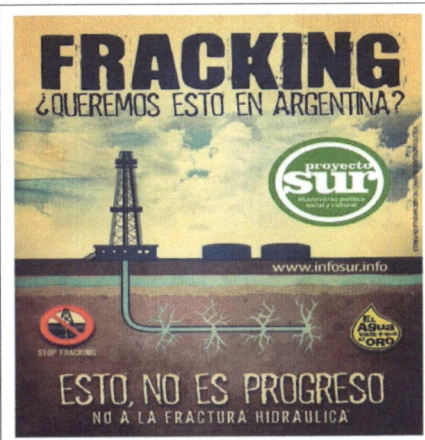

Ricardo Lafferriere

INNOVACIÓN

ENERGÍAS RENOVABLES

PARA CONSERVAR LA CASA COMÚN

Construir un mundo en armonía con el planeta

....

Buenos Aires, 2014

"INNOVACIÓN.

Energías renovables para la conservación de la casa común"

Edición bajo demanda. Envío internacional
2013. Primera edición. Impresión bajo demanda
2014. Primera edición ebook
2014. Segunda edición. Impresión bajo demanda
ISBN-13: 978-1499381351
ISBN-10: 1499381352
En todos los casos, puede accederse al e-book en forma libre y gratuita, en la dirección www.stores.com/lafferriere
Libro de edición argentina

INDICE

Prólogo... 7

Capítulo 1 – El nuevo siglo aceleró todo.................................. 9

Capítulo 2 – El calentamiento global 21

Capítulo 3 – Reaccionando 29

Capítulo 4 – La energía, antigua como la civilización 37

Capítulo 5 – El transporte 47

Capítulo 6 – Un ejemplo: Alemania 63

Capítulo 7 - ¿Problema o tarea? 73

Capítulo 8 – Solución tradicional: más hidrocarburos 83

Capítulo 9 – Cualquiera puede ser empresario energético 99

Capítulo 10 – Punto de inflexión ¿hacia atrás o hacia adelante?......107

Capítulo 11 – Los caminos posibles 115

Capítulo 12 – Cambiar el paradigma comienza en cada uno............121

Prólogo

Para el ciudadano común, escuchar hablar de "energía" lo remite inmediatamente a cuestiones técnicas, que deben ser abordadas por especialistas —ingenieros, economistas o, en todo caso, ambientalistas- y tienen poca relación con su vida cotidiana.

Las cosas que le preocupan le llegan en forma de problemas sociales, económicos, de empleo, de asistencia médica, de educación.

Pero, sin embargo, la energía es la base.

La civilización es energía. El ser humano —cada uno de nosotros- es energía.

La comida es energía. La producción, el transporte, el consumo, el vestido, la vivienda, la diversión, la medicina, son energía.

La vida en sociedad es energía.

El calentamiento global es energía.

Las tormentas e inundaciones, son energía.

Y también los tsunamis, los tornados, las catástrofes radiactivas, las guerras.

¿Cómo no dar una mirada a esta cuestión, en la que, literalmente, nos va la vida?

Las líneas que siguen apuntan a este objetivo. Tomar conciencia que la forma en que vivimos, que sufrimos, disfrutamos y, en muchos casos, en que morimos, se vincula con nuestra relación con la energía.

Cómo y quién la produce, de qué fuentes la extraemos, cómo la distribuimos, cómo la gastamos, y cómo la pagamos.

Veremos la importancia de cambiar esa relación, porque si la continuamos abordando de la forma en que lo venimos haciendo, puede llevarnos al fin de nuestra existencia como especie humana.

Hace tres o cuatro décadas, la sentencia que antecede hubiera pertenecido al campo de la filosofía, de la ciencia ficción o del futurismo.

Hoy tiene la trágica inminencia de un futuro avizorable en pocos lustros, quizás años...

Tal vez esto afecte a algunos de los que vivimos hoy. Pero lo hará bastantes más a nuestros hijos. Y a una gran cantidad de nuestros nietos, a los que podemos estar dejándoles un planeta sin aire para respirar, sin agua limpia para beber, y sin atmósfera que filtre los rayos mortales que llegan desde el espacio exterior. En dos o tres décadas, el mundo puede haberse vuelto inhabitable en la forma que lo conocemos.

También mostraremos un camino de optimismo, que está a nuestro alcance con los mismos o menos recursos que los que estamos usando hoy para avanzar en el camino sin salida. Pero para los cuales será necesario *mirar todo en otra clave*. Ni de izquierda, ni de derecha. Ni "imperialista", ni "liberador". Ni liberal, ni estatista.

Es un camino que no está apoyado en la acción del Estado, ni de la gran empresa, ni de la concentración de capitales, sino del hombre común. Una alternativa armónica con la democracia, con la equidad y con la conservación del planeta. Y que es la consecuencia de la inteligencia aplicada y la iniciativa ciudadana.

En lugar de romper literalmente el planeta para extraerle hasta la última molécula de sus recursos, la propuesta es aprender de su sabiduría, de su armonía, de su marcha milenaria hacia la superación, hacia la vida cada vez más compleja e inteligente, hacia la humanidad.

Una clave de supervivencia, que tiene una sola palabra que la posibilita: la cooperación.

Capítulo 1

El nuevo siglo aceleró todo

1 - Tartagal, 2009[1]

Los primeros días de febrero del año 2009, lluvias intensas golpearon la ladera de cerros salteños con centro en la zona denominada "Laguna del Cielo".

Es una zona de lluvias intensas, pero pocas veces con la intensidad con que se dieron esos días.

Como consecuencia, se produjo un desprendimiento de la ladera de un cerro, que volcó toneladas de lodo y piedras sobre el cauce del río que desagua la región.

Tartagal. Gentileza El Tribuno

¿Por qué el desprendimiento?

---

[1] Informaciones periodísticas sobre el alud de lodo e inundaciones de febrero del año 2009: http://www.lanacion.com.ar/1098346-desastre-en-tartagal-por-un-alud-de-lodo - link extraído el 18/5/2013

Según organizaciones ambientalistas, con datos confirmados por documentación oficial, el desmonte autorizado para extender la "frontera agropecuaria" se extendió a más de 400.000 hectáreas, que dejaron de absorber y ralentizar el escurrimiento del agua de lluvia.

Los árboles, como se sabe, cumplen varias importantes funciones en el mecanismo del circuito ecológico. Entre ellas está la de fijar la tierra dándole resistencia al terreno ante la tendencia a la erosión y desprendimiento provocados por las lluvias intensas.

El escurrimiento del agua caída se produce normalmente a través del río atraviesa la localidad de Tartagal. Sin embargo, esta vez fue diferente.

Las lluvias más intensas, obras públicas planeadas teniendo en cuenta los datos históricos que desconocieron el incremento del riesgo producido en razón del cambio climático y la extensión de la explotación económica de los cerros sin contemplar la totalidad de su estructura y dinámica enmarcaron la tragedia.

Una ciudad establecida, con casco urbano y casas centenarias, fue golpeada por la inesperada avalancha dejando a miles de personas sin hogar y causando varios muertos.

¿Fue un hecho aislado? ¿Fue la expresión de una tendencia?

Sea como sea, fue una advertencia.

Pero no la última.

2 – Entre Ríos, diciembre de 2012[2]

---

[2] Imagen de daños producidos por un tornado en Entre Ríos: http://www.reconquista.com.ar/nacionales/9931-una-qcola-de-tornadoq-afecto-a-entre-rios - link extraído el 18/5/2013.

La provincia de Entre Ríos, ubicada al norte de Buenos Aires y al occidente de la República Oriental del Uruguay, ha sido tradicionalmente reconocida por la benevolencia de su clima. Cierto que bien regada —alrededor de un centenar de arroyos cubren su territorio de 76000 kilómetros cuadrados- sus colinas son bordeadas en un juguetón pero tranquilo devenir sólo conmovido cuando alguna lluvia fuerte provoca el desborde de alguno de ellos, convertidos por unas horas en lugar de peregrinaje y comentario de los lugareños.

Imagen en Ramírez, Entre Ríos

Las inundaciones que sufre anualmente llegan avisando con varios días de anticipación. Se producen por las lluvias en el curso superior del Río Paraná o del Río Uruguay, y al ser ríos de llanura su lenta o mediana velocidad permiten la advertencia temprana, con algunos días de anticipación al golpe de las aguas, permitiendo planificar las evacuaciones.

No tiene montañas y tampoco grandes accidentes geográficos. Su ubicación en la transición de la zona fresca y la templada, sin selvas tropicales y con el viento ralentizado por las colinas que la surcan.

Por eso resultó tan curioso e imprevisto el tornado que en ese día 17 de noviembre recorrió varias de sus poblaciones, entre ellas Gualeguaychú, Nogoyá y Rosario del Tala, para reiterarse en la capital, Paraná, el día 16 de diciembre.

3 – Europa, 2010[3]

En Mayo y Junio, diversas regiones europeas fueron azotadas por inundaciones como las que no se habían producido nunca en lo que registra la memoria.

Los ríos Vístula, Brdzie y Sleza, en Polonia; los ríos Hernad y Bodva en Hungría; los ríos Oder y Danubio, en Alemania y Hungría; son sólo algunos ejemplos del azote que significó para innumerables poblados y regiones de Europa central y oriental el desborde incontenible de las aguas producidas por precipitaciones absolutamente excepcionales en sus respectivas cuencas.

---

[3] Registros gráficos de diversos lugares europeos afectados por inundaciones extraordinarias en el año 2010:
http://www.taringa.net/posts/imagenes/5814213/Fotoperiodismo-inundaciones-en-Europa-2010.html - Link extraído el 18/5/2013.

Las inundaciones en Europa provocaron grandes daños y evacuados

Los daños causados se contaron por millones de dólares en cultivos, daños materiales y víctimas.

4 – Buenos Aires y La Plata, 2013[4]

En la noche del 2 al 3 de abril vivirá en la memoria aterrada de miles de argentinos, tanto como los días sucesivos.

---

[4] Registros gráficos de la mega inundación que sufrió la ciudad de La Plata el 2/3 de abril del año 2013:
https://www.google.com.ar/search?q=inundaciones+en+la+plata&hl=es&tbm=isch&tbo=u&source=univ&sa=X&ei=L-aXUcHOCOKT0QHLw4Bg&ved=0CFwQsAQ&biw=1366&bih=624 – Link extraído el 18/5/2013

Esa fecha, en apenas pocas horas, una gigantesca masa de agua cayó del cielo, golpeando indiscriminadamente hogares de todos los niveles sociales, desde el elegante barrio de Belgrano en la Ciudad Autónoma de Buenos Aires, hasta la moderna ciudad de La Plata, orgullo urbanístico de sus habitantes que con indisimulado cariño la definen como la "única ciudad planificada de la Argentina".

La Plata, provincia de Buenos Aires, el 3 de abril de 2013

Entre ambas, grandes barriadas muy pobres del "conurbano", ese cinturón que aloja a once millones de personas alrededor de la Capital Federal, en la que viven poco menos de tres millones, sufrieron el inusual azote del cielo.

Entre 150 y más de 300 milímetros de agua –según la zona- se derramaron en menos de veinticuatro horas, buscando los desagües naturales que fueron taponados por el crecimiento indiscriminado y sin planificar de las ciudades originadas como "dormitorios" del conglomerado capitalino.

El fenómeno fue potenciado por el alto nivel del Río de la Plata debido a la sudestada –viento de orientación Sud Este que impide el desagüe natural del Río de la Plata en el Océano Atlántico-. El

Río de la Plata es la desembocadura final de todos los cursos de agua de la gigantesca región denominada Cuenca del Plata. La elevación de su nivel se produce por dos fenómenos: las mareas –que replican las del océano- y las sudestadas.

Éstos son vientos fuertes de orientación sudeste, que actúan como "tapón" impidiendo que el agua del río, de una profundidad promedio de 50 centímetros pero de un ancho de varias decenas de kilómetros, entre 40 y 200 según el punto del cauce, pueda recibir a sus afluentes.

En consecuencia, los ríos y arroyos que desembocan en el Plata, en caso de lluvias que coincidan con la sudestada o con la marea alta, encuentran sus salidas taponadas por la propia agua del río en un nivel que las supera.

La consecuencia de esta lluvia torrencial, esta vez fue fatal. Urbanizaciones que se creían seguras y de una urbanización ya asentada en décadas, predominantemente de clases medias, fueron invadidas por el agua de las lluvias torrenciales que no encontraban salida, y tampoco filtraban por la desaparición de los espacios naturales de contención y absorción intermedio, ganados por viviendas, pavimentos y obras públicas.

En pocos minutos el nivel del agua en zonas urbanas fue creciendo en centímetros, decímetros y metros. En varias zonas superaron los 2 y hasta 3 metros de altura, barriendo con lo que encontraba en las calles e inundando las viviendas, cuyos habitantes quedaban paralizados por la sorpresa, el estupor y la desorientación. Literalmente, no había lugar para escapar de la subida de las aguas. Quienes lograban salir de la trampa mortal en que quedaron convertidos sus hogares, se encontraban con la fuerte corriente en las calles, que los arrastraba sin remedio hacia el mar.

El fenómeno fue especialmente fatal para personas ancianas, sin chances de pelear nadando contra las corrientes y la profundidad. Decenas de jubilados y pensionados quedaron encerrados y se ahogaron en sus casas, sin poder abrir las puertas y en caso de poder hacerlo, sin lograr evitar ser arrastrados por las fuertes y anárquicas corrientes de agua.

Miles de familias quedaron literalmente sin nada, sus muebles, equipamiento de hogar, electrónicos, ropas, documentos, dinero, papeles y recuerdos arrastrados por la inundación.

¿Otra casualidad? ¿Otro accidente?

Preferimos pensar que fue otra advertencia. Entre 1900 y 1980, hubo en la ciudad de Buenos Aires 19 precipitaciones de más de 100 mms. en 24 horas. Entre 1980 y 2010, hubo 35. La tendencia es creciente, y la gravedad de sus consecuencias también.

5 - Islas Tuvalu - Océano Pacífico

Se "hunden".

Los delegados de todo el mundo a la Cumbre de la ONU sobre el Cambio Climático, en Copenhague en diciembre de 2009, pudieron observar la emoción hasta las lágrimas del delegado de este pequeño país del Pacífico. Su pedido fue angustioso: su país será engullido por el mar.

El calentamiento global está provocando el crecimiento del nivel del océano, y en esa zona del mundo se sufre en forma marcada. Para el año 2050, Tuvalu estará bajo las aguas.

Mientras, están desapareciendo sus playas, salinizándose sus escasas reservas de agua dulce e inundándose sus zonas más bajas.[5]

La lentitud y ligereza con que ciertos países desarrollados y de gran poder emisor de CO2, especialmente Estados Unidos y China, aplican políticas de control de emisiones condenan a Tuvalu a su desaparición. No será la única isla: también Kirivate y Vanuatu están en peligro de seguir ese destino.

6 – Filipinas – Océano Pacífico

El mayor tifón de la historia. No hay registros de un fenómeno de la magnitud del que azotó Filipinas entre el 5 y el 10 de noviembre de 2013[6].

Diez mil muertos y una devastación sin precedentes coincidieron con la Conferencia de Partes de la Convención de Cambio Climático de la ONU, reunida en Varsovia, en la que el delegado filipino no pudo contener su llanto mientras suplicaba a los países industriales detener la emisión de gases de efecto invernadero, principales causantes del cambio climático[7].

Sin resultados. La Conferencia terminó con el retiro de las ONGs y sin avanzar en compromisos ciertos sobre la limitación de emisiones[8]. Las duras imágenes con las consecuencias del tifón[9]

---

[5] http://www.20minutos.es/noticia/297225/0/cambio/climatico/tuvulu/. Link extraído el 31/10/2013

[6] http://es.wikipedia.org/wiki/Tif%C3%B3n_Haiyan Link extraído el 22/12/2013

[7] http://www.elmundo.es/internacional/2013/11/11/52814b82684341534b8b4571.html Link extraído el 22/12/2013

[8] http://www.elmundo.es/ciencia/2013/11/23/5290e99563fd3de35a8b4574.html Link extraído el 22/12/2013

[9] http://www.youtube.com/watch?v=N9__KmlqdPI Link extraído el 22/12/2013

no cambiaron la alegre marcha hacia la catástrofe global de las grandes potencias.

Capítulo 2

El calentamiento global

La cantidad de huracanes en Estados Unidos y el Caribe no ha cambiado sustancialmente en los últimos años. Sí lo ha hecho su intensidad.

El mayor efecto catastrófico lo sufrió la ciudad de New Orleans, a fines de agosto del año 2005. Un fuerte huracán, bautizado "Katrina", procedente del golfo de México golpeó al océano y éste extendió sus bordes hacia la ciudad sureña de Estados Unidos, superando sus barreras y generando la mayor catástrofe urbana del país del Norte[10].

Vista parcial de una zona de Nueva York inundada por el huracán Sandy

---

[10] http://es.wikipedia.org/wiki/Hurac%C3%A1n_Katrina – link extraído el 18/5/2013

21

1833 personas perdieron la vida, y las pérdidas materiales superaron los 108.000 millones de dólares.

En el 2012 le tocó a la ciudad de Nueva York. El huracán "Sandy" golpeó la "Capital del Mundo", produciendo más de cincuenta muertos, 15.000 vuelos cancelados, inundaciones en zonas de la ciudad que jamás habían sufrido invasión de las aguas, un apagón que alcanzó al 85 % de New Jersey, inundación en los túneles del Metro y decenas de miles de millones de dólares en pérdidas[11].

Izquierda: el huracán Sandy sobre Nueva York. Derecha: zona urbana afectada por el tsunami

El fenómeno significó un hito en la aceptación de la mayoría de la población norteamericana sobre los efectos negativos del calentamiento global, y la responsabilidad que sobre ese calentamiento tienen las causas antropogénicas, especialmente la quema de combustibles fósiles.

---

[11]Imágenes del huracán Sandy, que azotó la ciudad de Nueva York luego de golpear a Haití, República Dominicana, Jaimaica, Bermudas, Venezuela y posteriormente a Canadá.
https://www.google.com.ar/search?q=huracan+sandy&hl=es&tbm=isch&tbo=u &source=univ&sa=X&ei=SAaYUf2KLcq50gH0sIDwCg&sqi=2&ved=0CEEQsAQ&bi w=1366&bih=624 – link extraído el 18/5/2013.

La elevación del nivel de la temperatura del mar aumenta la evaporación, y ello incrementa la dimensión y el poder destructivo de los tornados que acompañan esa región caribeña en las temporadas que comienzan con el verano septentrional y se extienden usualmente hasta fines de noviembre de cada año.

Pero, con lo dañoso y espectaculares que resultan, no son los únicos daños. Sequías, plagas, cambio en los tiempos de cultivo, cambios regionales que provocan el desplazamiento de zonas de explotación agrícola, superación de las obras de infraestructura preparadas para otras realidades climáticas y geográficas, son sólo algunos de los efectos dañosos del calentamiento.

Los cambios en los sistemas ecológicos suelen ser más sutiles, pero no menos graves. Alcanzan a plantas de altura, que desaparecen de determinados sitios en las montañas[12], la desaparición paulatina de arrecifes de corales[13] y el consecuente cambio en los hábitos e incluso en la propia existencia de ciertas especies que viven en esos hábitats.

El cambio en la temperatura medida reduce, además, los glaciares[14]. Muchos han desaparecido y la gran mayoría ha reducido sustancialmente su tamaño con respecto al que tenían

---

[12] Las plantas de montaña buscan hábitats favorables migrando hacia mayor altura: http://jolube.wordpress.com/2012/04/19/peligra-la-flora-de-la-alta-montana-mediterranea-europea-por-el-calentamiento-global/ - Link extraído el 18/5/2013.

[13] Desaparición de formaciones coralinas y la fauna que les es propia: http://oceana.org/es/eu/prensa-e-informes/reportajes/calentamiento-global-corales - Link extraído el 18/5/2013

[14] http://www.cubadebate.cu/noticias/2011/04/13/reduccion-de-glaciares-en-el-mundo-alertan-que-en-la-segunda-mitad-del-siglo-solo-sobrevivira-un-10/ - Link extraido el 18/5/2013

antes del comienzo de la revolución industrial, en un proceso que es crecientemente acelerado.

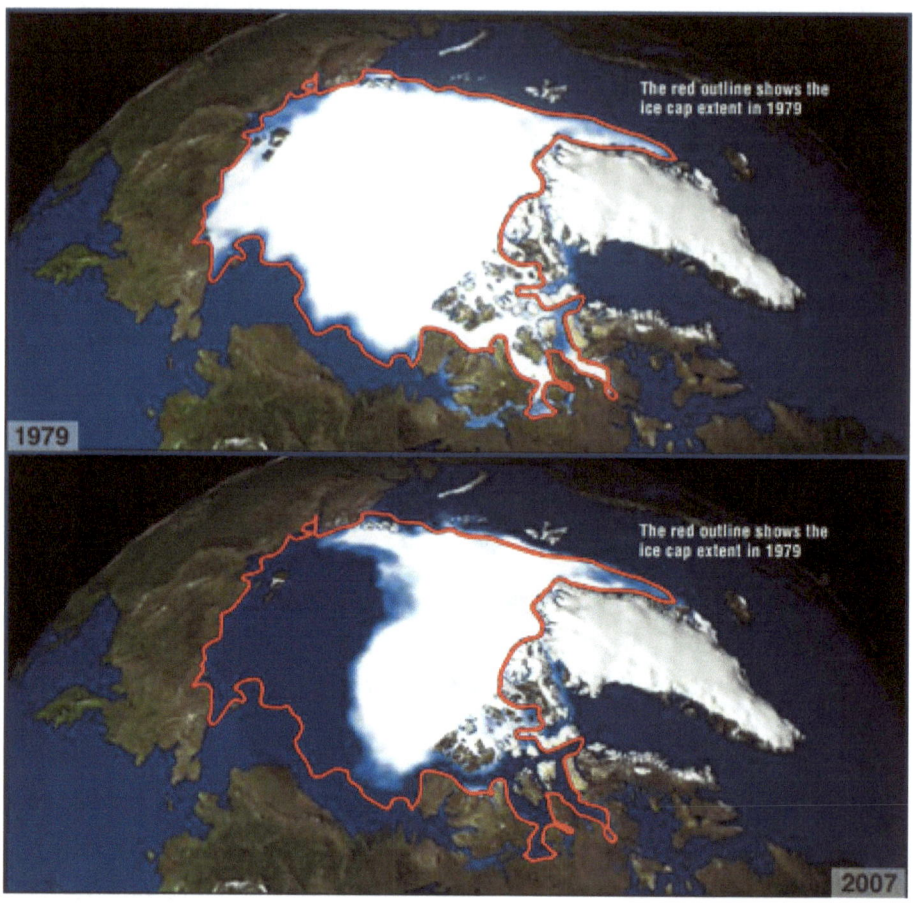

El derretimiento de los hielos árticos y antárticos[15] es más problemático aún, por la gran incertidumbre sobre su efecto en la dinámica de las corrientes marinas distribuidoras del calor planetario, así como por el crecimiento del nivel de las aguas

---

[15] Imágenes de la reducción de los casquetes polares – algunas consecuencias del calentamiento global:
https://www.google.com.ar/search?q=derretimiento+hielos+polares&hl=es&tbm=isch&tbo=u&source=univ&sa=X&ei=gAeYUYfbNM6x0AGah4G4AQ&ved=0CCwQsAQ&biw=1366&bih=624 – Link extraído el 18/3/2013

océanicas[16], debido al aumento de volumen que conlleva su calentamiento. Es recordada la película presentada por Al Gore sobre el cambio global, y algunas de ficción que muestran los potenciales efectos catastróficos.

Ciertos efectos de calentamiento ciertamente responden a fenómenos geológicos o astrofísicos fuera del control humano, pero otros, como la quema de combustibles fósiles, son exclusivamente antropogénicos. Es sobre éstos que es posible actuar, con el objetivo de que el cambio climático no sobrepase límites previsibles y en consecuencia, puedan generar daños potenciales en el abastecimiento alimentario, la disponibilidad de agua potable y la capacidad de filtración de la atmósfera de radiaciones cósmicas que hagan el planeta inhabitable para generaciones futuras.

La conciencia ecológica es, pues, el nuevo motor de la acción pública. En una sociedad humana que ha alcanzado importantes niveles de industrialización y de producción de alimentos —lo que, a su vez, ha permitido al género humano aumentar su población desde los 1.400 millones de individuos de hace un siglo y medio, a 7.000 millones, la preservación de la casa común es el principal "issue" de la acción pública.

Si asumimos la proyección de los demógrafos, que afirman que para el 2050 la humanidad alcanzará a entre Nueve y Diez mil millones de seres humanos[17], la conclusión es obvia: el planeta no está en condiciones de continuar sosteniendo tal magnitud de

---

[16] Información periodística, de fuentes científicas, sobre los efectos de la reducción de los casquetes solares:
http://elpais.com/diario/2007/07/20/sociedad/1184882404_850215.html - Link extraído el 18/5/2013
[17] http://www.worldmapper.org/spanish/011_population_2050_es.pdf - Link extraído el 24/5/2013

población con los estándares de consumo del tipo, calidad y cantidad que lo ha hecho en los últimos dos siglos.

Es a partir de ese tema que deben edificarse todos los demás. Y ello nos lleva a reformular las antiguas pasiones que movieron las decisiones políticas durante los dos últimos siglos y para las que la conservación del entorno no significaba ningún problema, porque no estaba planteado.

La demanda de las sociedades que marcaron la punta de lanza del desarrollo era la creación de empleo, y la bandera de la "industrialización" parecía la única en condiciones de hacerlo para dar una ocupación útil y rentada a los millones de trabajadores rurales que quedaban desocupados por el avance de la tecnificación agraria.

Esa industrialización, en el mundo occidental, fue exitosa. Su éxito, sin embargo, mostró como contracara la agresión que requería al entorno natural. Recursos minerales, hábitats salvajes, circuitos ecológicos de toda clase, y por último la quema progresivamente acelerada de combustibles fósiles –carbón, petróleo y gas- mostraron los límites de esa industrialización "vis a vis" con los recursos planetarios.

Sin embargo, más de la mitad de la humanidad todavía aspira a recorrer el mismo camino, aunque el soporte del planeta no lo tolere. Esa tendencia adelanta graves conflictos, y abre la exigencia de una reflexión sobre el cambio de rumbo.

No será posible industrializar lo que falta por un camino que mostró sus límites. La organización económica que encontró su motor en la generación de demandas artificiales y el cambio de bienes de uso fabricados con corta vida útil para forzar su reemplazo son incompatibles con los recursos existentes y lo serán cada vez más a medida que más seres humanos se incorporen a la vida considerada desarrollada[18].

La movilización del transporte sobre la base de la quema de petróleo y derivados es incompatible con la cantidad de tales hidrocarburos, pero más importante aún es la incompatibilidad de esa quema con el mantenimiento de la sustentabilidad de la atmósfera y de los sistemas ecológicos.

El calentamiento provocará sequías, desplazamiento de zonas productoras de alimentos, grandes catástrofes ambientales, alteración de la geografía humana, desplazamientos poblacionales de los bordes continentales e islas por inundación y peligros que aún son desconocidos pero que aparecen a medida que el fenómeno se presenta[19].

En la base de todos estos problemas, está la energía. En las líneas que siguen demostraremos que es posible cambiar la forma de producirla, distribuirla y utilizarla. Y que ese cambio no sólo está al alcance de todos, sino que tiene costos decrecientes.

---

[18] Los recursos naturales planetarios imponen un límite objetivo al crecimiento dentro del actual paradigma:
http://es.wikipedia.org/wiki/Los_l%C3%ADmites_del_crecimiento – Link extraído el 18/5/2013
[19] http://unfccc.int/essential_background/the_science/items/6064.php - Sitio oficial de la Convención de Cambio Climático de Naciones Unidas – Link extraído el 18/4/2013

Capítulo 3

Reaccionando

Frente al escenario dramático que nos muestra la realidad, avanzaremos en ideas que se están abriendo paso en sociedades que han abierto su reflexión y debate a estos problemas.

Esas ideas nos sugieren el cambio en prácticas cotidianas, en métodos industriales, en hábitos de consumo energético, en el uso del transporte, y en las formas de lograr igual confort con menos energía, abriendo además espacios económicos y nuevas ocupaciones accesibles a través de todo un nuevo complejo económico, el de las energías, las industrias y los hábitos "verdes".

Pero también en la política. Esta actividad, que por definición es la respuesta más avanzada de la humanidad para la acción colectiva que intenta disputarle a las divinidades, al destino o a la naturaleza algún control sobre nuestras propias vidas, debe cambiar sustancialmente sus visiones.

El cambio global desplaza a la historia los alineamientos y disputas que se basaban en las teorizaciones de los últimos siglos, y aún en las últimas décadas, salvo arcaísmos que son sólo muestras vivientes de un pasado superado (países-museo, aislados de la marcha de la historia a pesar de su retórica y del peligro que conllevan).

Los principales problemas que enfrenta la humanidad hoy no se relacionan con las luchas de naciones, de clases, de religiones o de distribución del ingreso, sino que se presentan en forma de riesgos globales, en gran medida imprevisibles y cuyo común denominador es su generación por la acción humana.

El calentamiento global es, tal vez, el paradigmático. Sus causas desencadenantes no son ni "el destino", ni "la naturaleza", sino el éxito de decisiones humanas, que sin embargo no advirtieron a tiempo las consecuencias que implicarían en el mediano y largo plazo.

La revolución industrial por una parte sacó de la pobreza a centenas de millones de seres humanos, permitiendo el crecimiento poblacional del planeta de los 1.500 millones de personas a inicios del siglo XIX, a más de 7.000 millones en la segunda década del siglo XXI.

Sin embargo, fue sostenida por la quema de combustibles fósiles que movieron fábricas y ferrocarriles, cosechadoras y barcos, aviones y automóviles. El carbón, el petróleo y el gas extraídos del subsuelo –donde fueron fabricados por la biología y la historia geológica durante decenas de millones de años- han sido extraídos, procesados y quemados volcando en el ambiente el calor de su combustión y desechos.

Aun asumiendo que esas decisiones no previeron sus consecuencias porque no se conocían, hoy sí las conocemos. Y aun asumiendo que gran parte de la humanidad ha construido sus sistemas económicos sobre esa base, no podemos ignorar que si el resto que no lo ha hecho sigue ese camino, sencillamente el planeta no resistirá, ni por sus recursos naturales ni mucho menos por su atmósfera.

Ello abre, por supuesto, discusiones políticas muy duras. Los "pobres" sostienen que no es ético hacerles renunciar al camino del crecimiento porque llegaron tarde. Los "ricos", a su vez, que no lo es hacerles pagar a ellos las culpas u obligarlos a empobrecerse para sostener el planeta, llevando a sus sociedades el caos que llegaría con la pobreza inducida, la ralentización de la economía y la desocupación, porque el fenómeno no era conocido cuando ellos protagonizaron su desarrollo.

Entre esos extremos es necesario encontrar el camino. Las propuestas deben satisfacer a ricos y pobres, permitir el desarrollo de los últimos y la reconversión de los primeros hacia una sociedad que no esté más apoyada en la quema de combustibles fósiles y la utilización indiscriminada de los recursos naturales del planeta, sino que sea sostenible.

La respuesta, además, debe ser políticamente posible, requisito imprescindible para no convertirse en un simple testimonio ético sin posibilidades de corregir exitosamente el rumbo.

Allí llega la demanda hacia la política. Como se observará, el debate pasa por encima de las ideologías puras. Ha sido tan responsable de la polución el desarrollo temprano de los países capitalistas, como el desarrollo forzado de los socialistas.

Los primeros en contaminar durante el siglo XIX y primera mitad del XX fueron los modelos industrialistas de Europa y Estados Unidos, pero las industrias más polucionantes del planeta en la segunda mitad del siglo XX estuvieron en la ex Unión Soviética y países del "socialismo real", como hoy lo están en China.

La mayor quema de combustibles fósiles es realizado por el transporte de carreteras, con Estados Unidos a la cabeza[20], pero

---

[20] http://cleanairinstitute.org/download/rosario/gp3_1_04_alatorre.PDF - Link

el gigantesco avance de China, con su población incorporándose rápidamente a los niveles económicos de las clases medias, marcha en vías de superar este record de contaminación rápidamente.

Los atascos de tránsito y el smog son una presencia cotidiana en China

En una segunda mirada hay diferentes responsabilidades. Los países desarrollados, con Europa y Japón a la cabeza pero aún en los propios Estados Unidos, han asumido esta realidad y han invertido la dirección del consumo en una razón inversa a la evolución de su PBI "per cápita".

No obstante ello, el liderazgo europeo es marcado. Con un PBI equivalente al de USA, su consumo de petróleo es, sin embargo, un 40 % menor[21]

---

extraído el 24/5/2013
[21]

http://es.wikipedia.org/wiki/Anexo:Pa%C3%ADses_por_consumo_de_petr%C3%B3leo – Link estraído el 24/5/2013

China, por el contrario, lo ha incrementado. El "punto de confluencia" se aleja, pero principalmente por la reticente actitud del gigante asiático, que aporta el 25 % de la población mundial y que debe encontrar un camino de desarrollo que dé respuestas a una población crecientemente demandante de niveles de bienestar alejadas de su crónica pobreza. El desafío que enfrenta es lograrlo sin atravesar las mismas etapas ni las formas de consumo del mundo hoy desarrollado.

El mundo desarrollado debe fijar líneas de reconversión de su sistema de vida. El mundo en desarrollo debe diseñar un sistema de vida —y desarrollo- que no siga el rumbo que se ha demostrado incompatible con las posibilidades del planeta.

El desafío principal es la toma de conciencia del problema, y a partir de allí el diseño de las soluciones, momento en que le tocará a la política formular los programas, detectar los actores sociales que actúen como sujetos del cambio y diseñar las formas organizativas que, por definición, deben ser globales porque no hay forma de aislar a un país de la atmósfera global, de los fenómenos climáticos o de los efectos del deterioro ambiental en los ciclos vitales.

En el fondo de la cuestión está la definición sobre el paradigma energético. Pocas dudas quedan ya sobre la conveniencia —o, más aún, la necesidad- de dejar de quemar combustibles fósiles, aún a pesar de su aparente rentabilidad espasmódica cuando aparece algún yacimiento sin descubrir, o alguna nueva tecnología de extracción.

El nuevo paradigma energético debe abandonar la idea de esa quema, demonizarla al punto de considerarla un suicidio para el género humano —tal como el consumo de tabaco lo es para los fumadores- y de diseñar nuevas formas de producción, elaboración, transporte y consumo que reduzcan en forma sistemática la necesidad de energía, reemplazando las fuentes fósiles por fuentes renovables.

Ese es el "gran rumbo". En ese marco gigante deben definirse las políticas, cuyas dificultades son grandes pero no por eso imposibles. Esas políticas enfrentarán fortísimos intereses económicos imbricados con el actual sistema energético, estructuras productivas que se mueven impulsadas por esa quema –desde el sector agrario hasta el fabril y el transporte- y hábitos de consumo, cultura y reflejos políticos que no tienen conciencia cabal del verdadero costo de la energía que consumen y, en consecuencia, lo hacen en un nivel de dispendio.

El objetivo de las propuestas que se realicen no deben llevar al empobrecimiento o la crisis, sino que deben aprovechar la pobreza para diseñar y ejecutar nuevas formas de conducta adecuadas a la posibilidad de supervivencia de la raza humana, tal es la magnitud del desafío.

¿Es esto posible?

En las páginas que siguen haremos un relevamiento de las experiencias en marcha en diferentes lugares para diferentes etapas de la cadena energética. Veremos cómo es posible generar energía de fuentes renovables. Observaremos experiencias exitosas que sólo han requerido decisiones personales, grupales y –al fin- políticas. Veremos cómo hasta las actividades más exigentes en consumo energético –hasta la más atroz, la de la guerra- admite una reducción fundamental de ese consumo.

Advertiremos que es posible mover personas y bienes reduciendo sustancialmente el consumo de fósiles y que se pueden iluminar las ciudades y hogares con menos de la mitad del combustible actual

Veremos que se pueden calefaccionar ambientes con una mínima cantidad de energía consumida, que se pueden construir máquinas fabriles altamente eficientes en su consumo energético y hasta que en muchos casos pueden autosustentarse.

Comprobaremos que se puede optimizar la generación de calor para el confort hogareño evitando su disipación en forma inútil, y que hay ya en el mercado automóviles impulsados a hidrógeno y a electricidad que no requieren petróleo para su marcha, o lo requieren en un grado reducido.

Más aún: nos daremos cuenta que con una tarea reflexiva y madura, es posible generar ingresos de la reconversión y generación eléctrica.

Esto se logrará diseñando y ejecutando redes bidireccionales e inteligentes de distribución y abriendo la posibilidad de que las personas no sólo sean consumidoras sino también productoras de energías renovables y vendedoras de estas energías a la red general.

De tal forma, sus hogares se convertirán en generadores de recursos económicos adicionales a partir de sus generadores solares, eólicos o de otras tecnologías conectados a la red.

Ninguno de los ejemplos que se han mencionado son ciencia-ficción. Todos están siendo experimentados, probados y ejecutados en diferentes lugares.

Con una política focalizada en su desarrollo tecnológico, en la extensión de las infraestructuras adecuadas, en la difusión de la toma de conciencia de la población y en la promoción de las nuevas actitudes y actividades, estamos en condiciones de producir la mayor revolución que haya protagonizado la humanidad en un corto lapso.

Lo habremos hecho sin agredir al planeta, sino aprendiendo de sus enseñanzas.

Capítulo 4

La energía, antigua como la civilización

El origen de la primera fuente energética, el fuego, se pierde en la noche de los tiempos. Sin embargo, su descubrimiento y domesticación fue el hito que permitió comenzar la marcha de la humanidad desde su primitivo estadio cuasi-salvaje hacia formas cada vez más complejas de convivencia.

La disposición de mayor cantidad de energía permitió la multiplicación de sus integrantes al permitirle la acumulación de alimentos y escapar de la incertidumbre de la sobrevivencia cotidiana dependiente del éxito en la caza y recolección.

A partir de allí el proceso fue crecientemente acelerado y no es el lugar de describirlo. Baste con recordar que el fuego fue alimentado primero con carbón vegetal, durante milenios.

Luego llegó el turno del carbón mineral hasta iniciada la revolución industrial y ya en el siglo XX fue el auge del petróleo, hidrocarburo que sostuvo el mayor desarrollo económico, extensión de los promedios de vida y posibilidad de multiplicación poblacional de la historia humana.

La humanidad tardó 40.000 años en llegar desde los pocos miles de originarios "Cromagnones" a 1.500 millones de personas, que son aproximadamente con las que comenzó el siglo XX[22]. Al terminar el siglo había llegado ya a las 6.600 millones y en el 2012 a los 7.000 millones de seres humanos.

---

[22] http://www.worldmapper.org/spanish/009_population_1900_es.pdf - Link extraído el 199/5/013

La población humana pasó de integrar grupos tribales de 100 a 200 personas, a conformar sociedades complejas, organizadas por sistemas legales cada vez más imbricados y perfeccionados y a regímenes políticos que fueron mejorando paulatinamente las condiciones de vida de cada vez mayor cantidad de personas.

Paralelamente fue elaborando sus marcos de comprensión de su propia realidad, sus "ideologías", las grandes protagonistas del escenario político. Esas sociedades se asientan en el consumo energético para producir alimentos, mover las herramientas agrícolas, hacer andar las fábricas, distribuir la producción mediante ferrocarriles, camiones, barcos y aviones, elaborar medicamentos, iluminarse, calefaccionarse, refrigerarse y hasta comenzar la aventura de los viajes al espacio.

Todo es energía. Y hoy, todo apoyado centralmente en el carbón, el petróleo y el gas, que en conjunto aportan a comienzos del siglo XXI alrededor del 75 % de la energía consumida por el planeta.

El resto es aportado por las instalaciones nucleares, las hidroeléctricas y las modernas fuentes primarias no convencionales y renovables —viento, sol, geotermia, mareas, biocombustibles-.

El sistema funcionó, hasta que resultó insuficiente. La principal fuente primaria fue la quema de combustible fósil, iniciándose —como se ha dicho- con el carbón que posibilitó la revolución industrial.

El carbón aún aporta, al comenzar la segunda década del siglo XXI, el 24 % de la generación global. Junto al petróleo y el gas, este último relanzado con la incorporación de desarrollos tecnológicos que permiten extraerlo de zonas geológicas hasta hace pocos años inaccesibles, siguen siendo las principales fuentes energéticas globales.

Sin embargo, las reservas de petróleo del mundo comenzaron a mostrar agotamiento, que una vez producido del todo será irreversible. El petróleo es un hidrocarburo formado durante millones de años de presión y temperatura aplicados sobre restos orgánicos, y su cantidad es limitada.

Es discutible el momento en que se producirá el agotamiento, e incluso el momento en que se atraviese el punto de quiebre de la denominada "Pico de Hubbert"[23]. Éste se refiere al punto en que el petróleo consumido anualmente sea mayor que las nuevas reservas descubiertas.

Aunque es un dato de difícil acceso por el secreto con que son guardadas algunas informaciones sobre reservas, ese punto está cerca del momento en que vivimos. Hay quienes dicen que se atravesó en la primera década del siglo y hay quienes sostienen que ocurrirá en la próxima década. Pero en todo caso, en tiempos históricos, es hoy.

El uso del gas y de lo que queda de carbón que se están obteniendo con tecnologías nuevas pueden extender el plazo algunas pocas décadas. Estas tecnologías, sin embargo, exprimen hasta la última gota de petróleo y gas que se pueda, pero conllevan el destrozo de la diversidad biológica en zonas sensibles –como la extracción de petróleo de las arenas, en Canadá- o el subsuelo con peligro para las napas de agua potable y hasta

---

[23]

http://es.wikipedia.org/wiki/Teor%C3%ADa_del_pico_de_Hubbert#La_teor.C3.ADa_de_Hubbert – Link extraído el 24/5/2013 movimientos sísmicos –como en "fracking" desarrollado en USA y China, que se extiende aceleradamente a otros lugares del mundo-.

Sin embargo, no es sólo el agotamiento de las reservas lo que marca el límite. El efecto más grave es el del calentamiento global provocado al liberarse y quemarse los hidrocarburos cuyos residuos son diseminados en la atmósfera, reforzando el efecto invernadero.

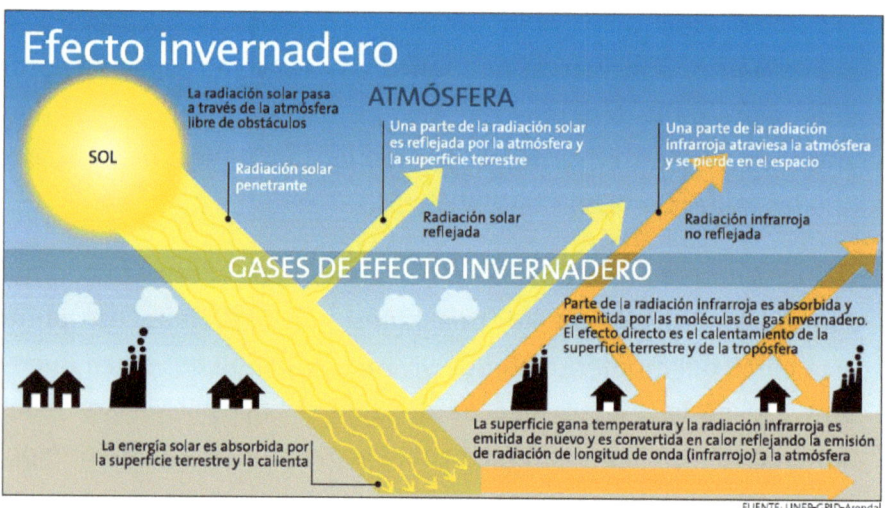

Cada década que persista o se incremente la generación de dióxido de carbono a raíz de la quema de carbón, petróleo o gas hará más insoportable la vida en el planeta. En síntesis: aunque el petróleo no se agotara, aunque se descubrieran nuevos yacimientos, aunque el gas permitiera un "tiempo de descuento" y el carbón alcance aún para casi un siglo, sencillamente la atmósfera no lo tolerará.

Esta acción, ya mencionada en el capítulo anterior, es la causa de la proliferación de cambios en el ambiente, algunos catastróficos como inundaciones y tornados y otros más lentos pero inexorables, como el desplazamiento o desaparición de zonas de cosecha alimentaria, cambios en la ecología marina, desaparición de especies importantes en la cadena del ecosistema global, desaparición de glaciares, y cambios en el régimen de distribución de calor planetario con el abanico de incertidumbres que abre.

A esos efectos se unen los referidos a la seguridad internacional. Mientras el petróleo y otros hidrocarburos sigan siendo la principal fuente energética primaria, la inseguridad será creciente por la inexorabilidad de su agotamiento.

Los países desarrollados —fundamentalmente USA- deben mantener y desplegar una fuerza militar descomunal para evitar que se corte su "yugular" energética y los países en desarrollo – centralmente China e India- deben desarrollar un juego político y militar peligroso para conseguir cubrir sus necesidades cada vez mayores.

El reemplazo de esta fuente por renovables disminuye esa tendencia y colabora en el objetivo de un mundo con menos tensiones estructurales, menos gastos armamentistas y mayor seguridad.

Hasta hace pocos años, el reemplazo natural de los hidrocarburos parecía ser la energía generada mediante la fisión nuclear controlada. De hecho varios países desarrollados – Francia, Alemania y varios europeos- la contaron entre sus opciones prioritarias. Sin embargo, los accidentes que se dieron durante la segunda mitad del siglo XX y comienzos del actual la desplazaron como una alternativa deseable.

Su carácter de tecnología dual —energía para la paz, pero también para desarrollar armamentos capaces de exterminar poblaciones completas e incluso toda la población humana- están llevando paulatinamente a la convicción que no puede ser tomada como una alternativa.

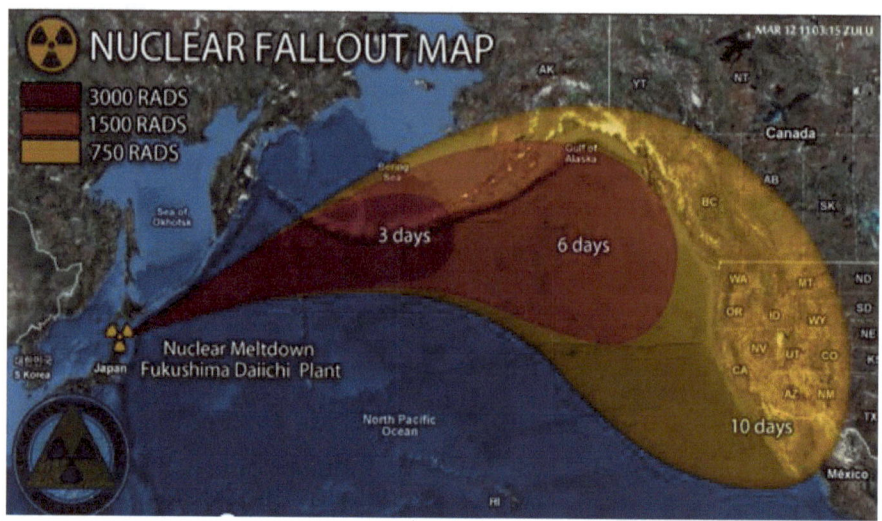

Fukushima: radio de influencia y tiempo de llegada de la nube radioactiva

El riesgo militar no es el único. Accidentes de gran repercusión ("Three miles Island" (1979)[24], Chernobyl (1986)[25], Fukushima (2011)[26], y otros menores) hicieron notar que el riesgo no puede preverse ni desecharse totalmente. Y a ello debe agregarse el difícil problema del destino final de los desechos radioactivos generados.

Es posible que el eventual éxito de la iniciativa de la fusión nuclear, desarrollada mediante el proyecto "ITER"[27], en Francia,

---

[24] http://energia-nuclear.net/accidentes_nucleares/three_mile_island.html - Link extraído el 18/5/2013

[25] http://energia-nuclear.net/accidentes_nucleares/chernobyl.html - Link extraído el 18/5/2013

[26] http://energia-nuclear.net/accidentes_nucleares/terremoto_japon_2011.html - Link extraído el 18/5/2013

que configura el mayor emprendimiento internacional de la historia por la magnitud de la inversión y la cantidad de científicos de diversas nacionalidades trabajando en forma cooperativa, vuelva a instalar la fuente nuclear en su forma de fusión nuevamente entre las opciones disponibles.

Este proyecto consiste en el desarrollo de un reactor capaz de generar energía sobre la base de la fusión nuclear controlada.

A diferencia de la fisión, la fusión no genera desechos radioactivos y tampoco crea la alta probabilidad de accidentes generados por la reacción en cadena que es inherente al procedimiento de la fisión.

En el caso de la fisión, átomos pesados (uranio 235, por ejemplo) son "bombardeados" para provocar su fractura. La liberación de energía que produce esta fractura produce calor, que a su vez calienta y hace circular el agua pesada por un circuito que mueve turbinas generadoras de electricidad.

El riesgo existente es que la reacción en cadena implícita en la reacción nuclear se salga de control, provocando riesgos muy grandes, que pueden afectar a la población cercana e incluso distante, si se formara una nube radioactiva dispersada en la atmósfera.

El segundo riesgo es la incertidumbre sobre la disposición final de los desechos producidos por la reacción nuclear, que son altamente radioactivos por miles de años.

La fusión nuclear, por el contrario, no fractura átomos pesados, sino que busca unir átomos ligeros (hidrógeno). Tal

---

[27] http://www.energiasostenible.net/iter__proyecto.htm - Link extraído el 18/5/2013

tecnología, usada para la "bomba H", sin embargo, no ha logrado hasta la fecha (2013) controlar adecuadamente el calor generado en la explosión y contenerlo en un artefacto capaz de convertirlo en energía utilizable. Éste es el propósito del proyecto ITER[28].

Si lo lograra, los problemas energéticos de la humanidad estarían en gran medida resueltos.

La materia prima de la fusión nuclear es el agua y ésta es virtualmente inagotable. La "reacción en cadena" accidental es, por definición, imposible.

Sin embargo, no es posible apostar a una hipótesis que está aún abierta y es de complicado pronóstico, aun manteniendo el respaldo inversor a los trabajos científico-técnicos de la iniciativa.

En consecuencia, la fuente primaria debe diversificarse hacia las alternativas que están demostrando estar en condiciones de generar energía sin afectar los ecosistemas, la atmósfera, el agua potable y la vida en el planeta.

Algunos países han apostado ya a ese camino, y son cada vez más los que se suman.

En palabras de la presidente de Pro-Media Communications, Rochelle Lefkowitz, quieren reemplazar el "combustible desde el infierno" –gas, petróleo, carbón- por el "combustible desde el cielo"[29] –viento, biomasa, mareas, sol, hidroelectricidad-.

Es también nuestra propuesta.

---

[29] http://en.wikipedia.org/wiki/Rochelle_Lefkowitz - Link extraído el 26/5/2013

Capítulo 5

El transporte

Uno de los mayores agregados de consumo energético de las sociedades desarrolladas y en vías de serlo es el del transporte.

Un billón de automóviles. Tal fue aproximadamente el parque automotor del planeta para el año 2010.[30] De esa suma, un cuarto corresponde al parque automotor norteamericano (250.000.000), de los cuales cerca de 200.000.000 son automóviles particulares.

Dicen las estadísticas que el consumo de combustible para transporte por carretera es de alrededor de un tercio del consumo general de energía[31].

En consecuencia, la racionalización de este consumo es un componente central de cualquier estrategia inteligente de reconversión.

Existe un agravante a esta situación: la incorporación al desarrollo de sociedades muy numerosas -en lo inmediato, el número de automóviles que año a año se agregan al parque automotor chino-. Para el año 2013 la cantidad de vehículos circulando en el gigante asiático alcanzó los cien millones[32].

---

[30] http://www.worldometers.info/cars/ - Extraído el 14/6/2013

[31] http://www.cepal.org/transporte/noticias/bolfall/3/41963/FAL-281-WEB.pdf - Extraído el 14/6/2013

[32] http://www.iprofesional.com/notas/122664-El-parque-automotor-de-China-alcanz-las-100-millones-de-unidades - Extraído el 14/6/2013

La industria automotriz china se ha convertido hace tiempo en la mayor fabricante mundial, con una marca de 14,5 millones de vehículos al año, duplicando a Japón y septuplicando a Estados Unidos.

La gran mayoría de ellos va a su mercado interno, saturando sus calles y polucionando su aire. El crecimiento del parque automotriz chino es de aproximadamente diez millones de vehículos por año. En una década superará al parque estadounidense.

La saturación de las autopistas chinas da una imagen de la insostenibilidad del transporte automotor de pasajeros

El combustible utilizado por el transporte automotor porcentualmente es superior a su participación en el gasto energético global, ya que virtualmente la totalidad corresponde a combustibles fósiles, principalmente petróleo y en menor medida gas.

Este hecho lleva a su natural deducción: la racionalización energética debe centrar en el transporte su mayor esfuerzo.

La reconversión energética en el transporte tiene varios frentes.

El primero y más importante, es la priorización del transporte público por sobre el individual.

Entre los medios de transporte público de consumo más racional de energía sobresale el ferrocarril. Los motivos son claros.

En primer lugar, la cantidad de energía requerida para mover la misma cantidad de peso. Una sola locomotora arrastra decenas de vagones de carga. Un tren equivale a decenas de automotores colectivos y a centenares de vehículos individuales.

En segundo lugar, los trenes pueden acceder más fácilmente a la utilización de la energía eléctrica, que permite mayor optimización de uso al poder optar por la energía disponible menos contaminante en el momento de su utilización, con un adecuado manejo de la red[33].

Una vez más es Europa la región que lleva los laureles. Su red ferroviaria vincula a todo el continente llegando a los lugares más alejados con un elevado grado de electrificación de sus ramales, especialmente los troncales.

En este punto es bueno dar una mirada a la Argentina.

---

[33] http://es.wikipedia.org/wiki/Locomotora_el%C3%A9ctrica – Extraído el 14/6/2013

La red ferroviaria, que llegó a alcanzar los 47.000 kms. en la primera mitad del siglo XX, sufrió los efectos de su desmantelamiento progresivo debido a la aparente mayor eficiencia del transporte automotor.

Sobre mediados del siglo XX, la Argentina comenzó su proceso de desarrollo de la industria automotriz. Esta decisión la llevó a priorizar la infraestructura carretera y a desalentar el uso del ferrocarril.

Eran tiempos de energía barata y de la creencia casi religiosa en la industrialización acelerada alrededor del complejo automotriz.

Fabricar automóviles se presentaba para los países en desarrollo como más conveniente, en un mundo convencido de los modelos de industrializaciones sustitutivas y economías cerradas.

Depender de tecnologías ferroviarias concentradas en los países desarrollados que detentaban el virtual monopolio en la fabricación de locomotoras y tecnologías era aparentemente menos ventajoso en dos frentes: no estimulaba la industria local y generaba importaciones.

Los países centrales tenían, por su parte, acceso a mercados globales que le permitían también monopolizar la provisión de maquinarias e insumos, lo que estaba fuera del alcance de países sin presencia global, lo que actuaba como gigantesca "barrera de entrada" a cualquier nuevo país que deseara ingresar al club de los fabricantes ferroviarios.

Entre fabricar automóviles para los mercados internos en formación totalmente desabastecidos o comenzar a fabricar locomotoras y aprovisionamiento ferroviario para el reducido mercado local con escasas posibilidades de participar en el mercado internacional, las dudas eran justificadas.

No existían en ese momento, además, los datos del calentamiento global, el agotamiento de los combustibles fósiles ni la inestabilidad en el precio de los combustibles, que fueron apareciendo en los últimos cuarenta años.

El debate fue, de todas maneras, muy intenso. Quien esto escribe, en tiempos de su militancia política, argumentó reiteradamente en favor de preservar el ferrocarril, con los argumentos de entonces: su racionalidad energética, su inherente democratismo y su papel articulador geográfico de la población e integrador económico de pueblos y regiones.

Del otro lado se invocaba el impulso industrializador que conllevaba el desarrollo de la industria automotriz, pero centralmente el gran costo para las finanzas públicas que demandaba mantener el sistema ferroviario.

Ese debate fue saldado por los hechos y poco sentido tiene ahora revivir sus argumentos.

Pero hoy el ferrocarril tiene una nueva oportunidad. Ante el nuevo escenario energético global, es innegable que el ferrocarril es económicamente más racional que el transporte por carreteras, y que aún en un plan que integre ambas alternativas, su papel es central para reducir la quema de combustibles fósiles.

Reconstruir el sistema ferroviario es un desafío singular. Sin embargo, es posible hacerlo si se enmarca en una estrategia de optimización de las diferentes formas de transportes, es decir en un plan integral que utilice cada medio según su potencialidad.

Algunas de las viejas afirmaciones tienen vigencia: en las largas distancias continentales, el ferrocarril es el medio de transporte de carga por excelencia superando indiscutiblemente al camión.

Para el transporte de pasajeros de corta distancia en áreas metropolitanas su superioridad se acentúa. No es el mejor posible, sino el único. No hay otra forma de desplazar millones de personas diariamente desde las "ciudades-dormitorio" hasta los lugares de trabajo. El ferrocarril, en combinación con el subterráneo, es insustituible ante la saturación de las vías de superficie.

En los desplazamientos de personas de larga distancia muestra su otra ventaja: es claramente menos peligroso que el transporte por carretera. Sus índices heridos y muertes en accidentes lo hacen preferible también a las autopistas y los automóviles.

FERROCARRILES ARGENTINOS

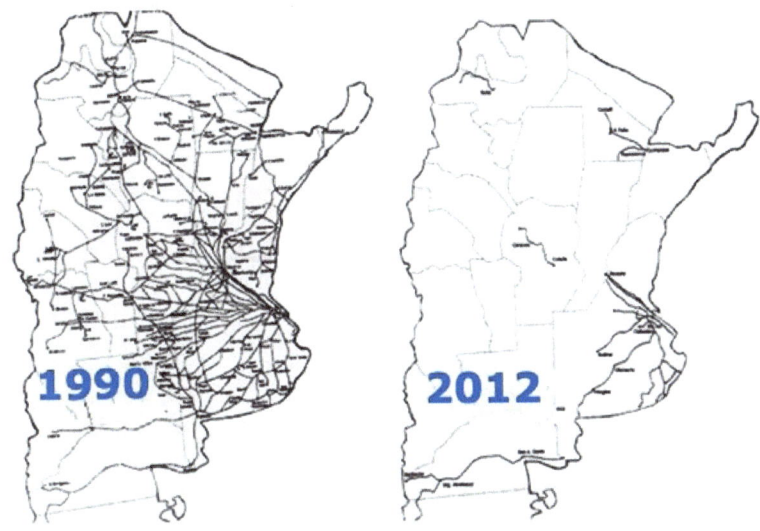

1990   2012

A partir de 1990 se produjo en Argentina el desmantelamiento definitivo de las redes troncales ferroviarias.
Las redes secundarias habían comenzado su cierre a partir de mediados del siglo XX.

A diferencia de lo ocurrido en la Argentina, el contraejemplo europeo ofrece una red ferroviaria que integra toda la geografía continental.

Sus regiones más alejadas están vinculadas por ramales con altos estándares de seguridad, confort y racionalidad energética. Las capitales europeas se encuentran unidas por una red de trenes de alta velocidad, que son privilegiadas al avión en viajes de distancia media.

La red de ferrocarriles europeos alcanza en la actualidad (2013) a los 270.000 kilómetros. Compite exitosamente tanto con el transporte público por carretera como con el transporte de cargas.

FERROCARRILES EUROPEOS

Mapa troncal de los ferrocarriles europeos

El otro frente de trabajo para la reconversión energética del transporte es el estímulo al desarrollo de fuentes de poder alternativas a los combustibles sólidos.

Ellas son el hidrógeno, sea en su versión de motores de combustión interna o en forma de automóviles eléctricos con celdas de combustibles, los vehículos eléctricos, los vehículos híbridos y el desarrollo de vehículos de mayor rendimiento por unidad quemada.

En lo referido al transporte público automotor de pasajeros en el espacio urbano, nos hemos referido ya a iniciativas que se encuentran en funcionamiento en varias ciudades a pesar de la fuerte resistencia de muchos prestadores que suelen resistir el proceso con argumentos no siempre transparentes.

El proceso de transición, en ambos casos, debe impulsarse con decisiones públicas. Entre ellas se encuentra la obligación a los fabricantes de determinados estándares de consumo que impida la circulación a vehículos que lo superen.

Las normas europeas, nuevamente, marcan el rumbo. Sus límites de consumo de combustibles son sustancialmente más estrictas que las norteamericanas.

No se ven en las rutas europeas grandes vehículos "4 x 4" transportando sólo una persona, o vehículos preparados para la guerra reacondicionados para uso civil, sin cuidado alguno por su consumo.

Por el contrario, predominan los vehículos personales de baja cilindrada, con alto rendimiento en su relación consumo-kilómetros recorridos.

En ese sentido destacan Japón y la Unión Europea al lograr en 2002 las más bajas emisiones de CO_2 por kilómetro recorrido (alrededor de 160 gramos), debajo de Australia y China (210 gr), Canadá (poco más de 240 gr) y de Estados Unidos (260 gr) (Consejo Internacional de Transporte Limpio, 2007).

La diferencia de 100 gramos parece irrelevante, pero significa que en sólo un año un vehículo estadounidense promedio lanzará al aire alrededor de 1,500 kilogramos de CO_2 más que el auto promedio japonés o europeo. Esa es la importancia de fabricar vehículos más eficientes

Un caso destacable es el de la Unión Europea, que logró un consenso entre las 27 naciones que la integran para reducir las emisiones de CO_2 a 130 gramos por kilómetro del 2012 al 2015, y la puesta en vigencia de las resoluciones "Euro 5" y "Euro 6"[34] con normas estrictas para fabricantes, propietarios de automotores y conductores.[35]

La Argentina, por el contrario, ha postergado en 2013 una vez más por un año (hasta el 2014) la puesta en vigencia de la norma equivalente a la "Euro 5", que había sido previsto que entrara en vigencia el 1/1/2012.

La situación argentina, en este capítulo, no es buena.

El desmantelamiento del ferrocarril no se ha revertido y tampoco existe un plan de transporte que lo incluya, discutido en el parlamento y convertido en política de estado.

Los trenes en funcionamiento acarrean décadas de desinversión, lo que lo desplaza en la elección de los usuarios y presenta reiteradamente accidentes mortales evitables.[36]

34

http://europa.eu/legislation_summaries/environment/air_pollution/l28186_es.htm - Extraído el 14/6/2013

35

http://europa.eu/legislation_summaries/environment/air_pollution/l28186_es.htm - Extraído el 17/6/2013

36 http://www.lanacion.com.ar/1450635-descarrilo-un-tren-en-once-y-hay-varios-heridos - Extraído el 17/6/2013

El accidente producido en la Estación Once de Setiembre de la línea Sarmiento, el 11 de febrero del año 2012, fue el tercero en importancia en la historia ferroviaria argentina. Un tren sin frenos chocó contra el andén terminal, produciendo 53 muertos y centenares de heridos. Foto: La Nación

Un plan integral de transporte debe perseguir la construcción de una red interconectada tanto para automotores particulares, de pasajeros por carretera, de cargas, naval y aéreo.

El criterio para la utilización de cada servicio debe ser la seguridad, la economía y la racionalización energética.

En este marco, el estímulo al uso de vehículos particulares de menor consumo de combustibles fósiles, el desarrollo del ferrocarril y el adecuado desarrollo y mantenimiento de la infraestructura en todos ellos es una tarea imprescindible.

La innovación en el transporte significa medularmente decisión política.

Mientras los automóviles híbridos no sean estimulados adecuadamente y su valor al consumidor más que duplique a los equivalentes tradicionales y mientras no se diseñe y ejecute un plan de transición que prevea el desarrollo de una red de proveedores de servicios, es muy difícil que la reconversión avance.

Más importante aún es la decisión sobre el transporte público.

Nuevos trenes, electrificados y de tecnología ecológica, no son impedidos por sus costos, sino por la ausencia de intención gubernamental.

Hasta los avances más primitivos, que otros países del mundo y la región –caso Chile y Brasil- tienen en vigencia desde hace años, como los referidos a las obligaciones sobre máximo de contaminación permitida, se demoran reiteradamente sin debate parlamentario y sólo por decisiones administrativas de escasa transparencia.

Esas decisiones son el resultado de acuerdos entre el poder político y las corporaciones del transporte y petroleras.

Es éste tal vez uno de los casos más claros en los que el "mercado" y el "estado" unen sus acciones en perjuicio de los más débiles de la cadena: los ciudadanos y el medio ambiente.

En otro trabajo[37] he analizado el tema de la necesidad de superar las ficciones económicas y políticas sobre las que se edificó la modernidad.

Es cierto que las empresas –con sus "navíos estrella", las grandes corporaciones- crean trabajo, desarrollan tecnología e impulsan el desarrollo económico.

Pero también lo es que, sin un adecuado control, tienden a priorizar sus balances por sobre el interés general y es necesario

---

[37] Lafferriere, Ricardo "Argentina en busca de la política", http://stores.lulu.com/lafferriere

desarrollar pautas de conducta que las canalicen tras el bien común.

También es cierto que el Estado, en cuanto creación moderna, es el encargado de la sanción de las normas que rigen la vida en común, por delegación de los ciudadanos.

Pero también lo es que en determinadas circunstancias, tienden a priorizar los beneficios personales de sus gestores o la reproducción en el poder de sus estructuras políticas.

Corporaciones y Estados, por último, suelen desarrollar vínculos simbióticos de recíproco beneficio, de los que la variable de ajuste es el bienestar general o de los ciudadanos.

Esta situación es una realidad motivada por la extrema complejidad de la vida política y de la economía de la segunda modernidad.

Es tan cierto que la política no funciona más bajo los cánones de la democracia liberal, y mucho menos como el modelo de la democracia ateniense, como que la economía tampoco lo hace bajo las normas de los mercados competitivos y libres de distorsiones monopólicas o ventajas extra-competitivas.

Los ciudadanos quieren un gobierno representativo, elegido por ellos pero que rinda cuentas de sus actos y su gestión.

Los ciudadadanos desean también empresas prósperas proveyendo bienes y servicios de calidad, capaces de incorporar innovaciones técnicas y generar empleos, pero que cuiden el ambiente, respeten leyes sociales y no sobreexploten los recursos naturales no renovables.

La acción ciudadana, entonces, debe actuar "desde afuera", pero la eficacia del sistema reclama también acciones "desde adentro", tanto del Estado como de las corporaciones.

Es imperioso someter a crítica y reelaborar la ética corporativa y su reglamentación legal, tanto como la ética pública también con su reglamentación legal de cara a los nuevos fenómenos y peligros.

En ambos casos, la transparencia, la normatización de comportamientos y su absoluta sujeción a la ley serán los mecanismos de limitar sus tendencias desbordantes y potenciar sus efectos positivos en la vida social.

La retracción de los ciudadanos hacia sus luchas y motivaciones personales ha debilitado su vínculo con la política, tradicional justificación de la exclusiva titularidad del Estado como supremo "controlador" en la aplicación de las leyes. Es, tal vez, lo negativo.

Pero a la vez, han incrementado su acción pública a través de las redes o en "causas" diversas que trabajen en el amplio espacio de la sociedad civil como ONGs, asociaciones, o la infinidad de formas asociativas que se dan en el complejo escenario de la realidad. Es lo positivo.

La militancia social es la forma ireemplazable de reclamar y exigir esa información, esa transparencia y esos límites, para las corporaciones y para el Estado.

Ambas organizaciones carecen de una existencia "filosófico-ontológica" que los lleve a su autojustificación. Y ambas legitiman su existencia si sirven al conjunto de los ciudadanos.

La modernidad reflexiva es la regla de oro de la segunda modernidad, para coexistir con los beneficios enormes del desarrollo científico y técnico pero también para marcar sus límites, así como los límites del poder frente a necesidades que lo trascienden: los derechos humanos, la protección del ambiente, la seguridad ciudadana y la profundización democrática.

Capítulo 6

Un ejemplo: Alemania

Es imposible comenzar a mirar las posibilidades de cambio de paradigma energético sin tener en mente el ejemplo de Alemania.

Símbolos, decisiones políticas, acción cooperativa, tecnologías, infraestructuras públicas y formas de consumo confluyen en el más serio experimento transformador que se está realizando en el mundo.

Este capítulo está dedicado al primer símbolo: la sede del parlamento de la República Federal de Alemania, el legendario "Reichstag".

Entrar al edificio es ver dibujado el horizonte del mundo que viene, o al menos el que los alemanes están persiguiendo. Un mundo transparente, que no agrede el planeta, que discute sus políticas públicas a la luz del día y que está abierto a la observación y fiscalización de sus ciudadanos.

La historia del Reichstag es conocida centralmente por el incendio que en 1933 actuó como disparador de la instalación de la dictadura hitlerista.

Sus causas, nunca debidamente probadas, son motivo de historias y leyendas. Sus consecuencias, como está dicho, se relacionan íntimamente con la pérdida de derechos ciudadanos y el crecimiento sin límites del poder desmatizado del nazismo.

A partir de ese incendio, el Reichstag quedó en ruinas. Los cuerpos parlamentarios alemanes funcionaron en diversos lugares hasta que, luego de la reunificación en 1991 de los dos Estados en que había quedado dividida Alemania, se decidió la reconstrucción del viejo edificio.

Ésta fue encargada a un arquitecto británico, Sir Norman Foster, culminando un disputado concurso internacional en el que los tres preseleccionados finalistas fueron Santiago Calatrava, Pi de Bruijen y el mencionado Foster.

Es bueno destacar que con la característica internacional del concurso y aún del triunfador, Alemania quiso dar al mundo un indicador de su vocación cosmopolita y abierta. Fue otro de los símbolos.

Pero lo que nos interesa destacar a los efectos de esta obra son otros aspectos, los vinculados a su provisión energética.

El edificio del Parlamento es la sede de la voluntad política del pueblo alemán. Su diseño y sus originalidades desbordan simbolismos. No podía ser de otra forma con sus fuentes de alimentación y poder.

Una gigantesca cúpula transparente optimiza la luz del día, articulando juegos de 360 espejos que funcionan en forma sincronizada con la dirección de un enorme cono invertido, diseñado de tal forma que sigue todos los movimientos del sol y los traslada a los ambientes interiores del edificio[38].

---

[38] http://es.wikipedia.org/wiki/Edificio_del_Reichstag#cite_ref-n.C3.BAmeros_30-1 – Link extraído el 18/5/2013

El edificio del parlamento alemán es un testimonio de la arquitectura posible, ecológica y energéticamente austera

El embudo funciona como disipador del calor interior y aire viciado, el que es lanzado al exterior luego de serle extraído el calor excedente, que es utilizado para reforzar el sistema energético del edificio.

Este mecanismo, sin embargo, no agota su originalidad. Paneles solares distribuidos en toda la superficie del techo (300 m2 de placas fotovoltaicas) producen electricidad al punto que el 80 % de la energía que se consume en el edificio y sus anexos es generada por fuentes alternativas situadas en el propio edificio.

Las emisiones de CO2 del complejo, que son calculadas en 7000 toneladas equivalentes si se utilizara energía convencional, son reducidas a un rango que va de las 400 a las 1000

El sistema de generación es completado por una usina que funciona con aceite de desecho (biodiesel) generando electricidad. El calentamiento producido por su combustión interna, en lugar de ser desechado y perdido por disipación en la atmósfera, es utilizado para calentar a 70 ° el agua bombeada desde un acuífero ubicado a alrededor de 300 metros de profundidad.

Esta agua es regresada a otro depósito y es utilizada para calefacción del edificio en invierno. Otro depósito, a 60 metros, guarda agua fría del invierno y es utilizada para la refrigeración en días especialmente calurosos.

El sistema de poder energético del edificio indica el rumbo a la sociedad: austeridad en la utilización de energía, aprovechamiento de las fuentes renovable y responsabilidad en la generación y correcto uso de esa energía por parte de aquellos que la disfrutan.

Alemania es el país con mayor desarrollo de las energías alternativas. Sin embargo, compartía con Francia hace apenas poco más de dos décadas su pasión por la energía atómica, considerada entonces la más limpia de las energías posibles.

Para dimensionar la magnitud de esta fuente alternativa es bueno recordar que la totalidad del parque eléctrico generador de la Argentina, por ejemplo, está en el umbral de los Veinte mil Megavatios Hora, incluyendo en esa cifra las fuentes térmicas, nucleares, hidráulicas y las testimoniales alternativas de Argentina.

Energía solar: planta generadora y barco impulsado por energía fotovoltaica

La potencia instalada de generación de energía solar en la República Federal de Alemania pasó de Cien Mwh en el año 2000, a los Treinta y Dos Mil Megavatios Hora en el 2012[39]. El equivalente a una Argentina y media es, en Alemania, producido sólo por energía solar que, a su vez, es ya responsable de casi un cuarto del total de la energía generada en el país.

"Me gustaría que la Argentina se pareciera a Alemania", le expresó la presidenta argentina Cristina Fernández a la Canciller Angela Merkel en ocasión de su visita a dicho país. Esa expresión de anhelos seguramente refleja la aspiración íntima de la mayoría de los argentinos en el caso de la energía.

No ha sido, sin embargo, el rumbo que Fernández de Kirchner ha impreso a la política energética durante su gestión. Frente a los 32.509 Mwh de generación de energía solar en Alemania, la Argentina muestra, en el 2012, una capacidad de generación de energía solar de apenas 6,2 Mwh[40].

---

[39] http://www.bdew.de/internet.nsf/id/20121105-pi-solarstromerzeugung-steigt-weiter-stark-an-de - Link extraído el 18/5/2013
[40] http://es.wikipedia.org/wiki/Energ%C3%ADa_solar_fotovoltaica#cite_note-bdew-12 – Link extraído el 18/5/2013

Alemania: Los paneles fotovoltaicos forman parte del paisaje

Curiosamente, el gran salto en generación solar se produjo en Alemania en la misma época en que el presidente Kirchner se hacía del poder en la Argentina. En ese momento, la capacidad de generación solar instalada en Alemania apenas alcanzaba a 100 Mwh.

En los diez años siguientes, Alemania llevó su parque solar a los 32.000 Mwh. y su capacidad total de generación a más de 120.000 Mwh. Argentina sólo agregó a su parque generador 6 Mwh. (*seis*) de energía solar, y ***dos centrales térmicas***, pasando en total de 17.000 Mwh a 19.000.

Su proyección de largo plazo se orienta a la puesta en valor de las reservas de "shale" del yacimiento de Vaca Muerta. Es decir, quemar más hidrocarburos fósiles.

Digamos en este punto que el cambio en estos casos no es sencillo.

El poder económico y la difusión horizontal y vertical de los sistemas tradicionales de generación eléctrica impregnan toda la sociedad, la cultura, las creencias, las relaciones políticas y empresariales y hasta la asunción, por parte de la sociedad, que es la única forma posible de proveer de energía para la vida cotidiana a toda la población.

Se requiere una *gran lucidez estratégica* en el sector dirigencial y ciudadanos educados, prácticos y con convicciones éticas.

¿Cómo empezó todo en Alemania? ¿Fue el resultado de una concienzuda investigación de sus universitarios, sus grandes empresarios o sus hombres políticos más destacados? En su caso ¿quiénes fueron los que pudieron lograr el milagro en poco más de una década?

Aquí la sorpresa: no fue un ingeniero especializado, ni un economista. Fue una maestra de escuela, Ursula Sladek, residente de un pequeño poblado llamado Schönau.

Sladek vivió con su marido en Estados Unidos a mediados de los años 70, y allí tomó su primer contacto con las energías limpias a partir de la entusiasta prédica del presidente Jimmy Carter, luego abandonada por su sucesor republicano Ronald Regan.

A su regreso a Alemania le tocó sufrir la lluvia radioactiva del reactor de Chernobyl, en 1986. Fue este hecho la que la impulsó a convertirse en una activista de las energías alternativas.

Lideró un grupo de unos pocos cientos de residentes para reclamar por la erradicación de la energía nuclear.

Sin embargo, con esto no alcanzaba. Era necesario ofrecer una alternativa.

Paneles fotovoltaicos en el campo y en las viviendas

El camino para sacarse el riesgo nuclear de la cabeza no podía ser regresar a la vida de las cavernas, ni tampoco volver al exclusivo predominio de la energía fósil que además, en el caso alemán –como de casi todo el mundo desarrollado- reforzaba su dependencia estratégica de zonas del mundo muy conflictivas y arrastraba la redefinición de la política de seguridad y el rearme para garantizar esa provisión.

Y cuando su campaña para erradicar la energía nuclear, económicamente todopoderosa y energéticamente gigante, no prosperó, ella y su grupo encararon el desafío mayor: generar su propia electricidad.

Hacia comienzos de la segunda década del siglo XXI, veinte años después, la Cooperativa de Shönau, la "Elektrizitatswerke Schönau"[41], provee de energía renovable a 180.000 hogares y

[41] http://www.ews-schoenau.de/fileadmin/content/documents/Footer_Header/2012-

agrega alrededor de 2000 nuevos clientes cada mes. La energía generada por la Cooperativa tiene exclusivamente fuentes renovables con un altísimo predominio de la energía solar.

Capítulo 7

¿Problema o tarea?

Cambiar un sistema es una tarea compleja.

Complejidad, sin embargo, no significa imposibilidad.

Como lo diría Hans-Josef Fell, el Arquitecto Jefe del programa "Energiewende" en Alemania, citado por Osha BrayDavidson en su obra "Clean Break: The Story of Germany's Energy Transformation"[42], *"no es un problema, es una tarea"*.

Dicha tarea debe ser decidida y compartida por los actores decisivos de la sociedad, pero iniciada por los ciudadanos con conciencia del problema y preocupados por el futuro propio, de su familia y del planeta.

La trascendencia del sistema energético para hacer viable el funcionamiento de la totalidad de la sociedad hace que no podamos ignorar que se trata del subsistema más imbricado con la totalidad de los actores sociales: políticos, empresariales, fabriles, productores, transporte, consumidores hogareños. Y en todos ellos habrá cambios que, en ciertos casos, serán sustanciales.

La producción energética, el primer eslabón, sufrirá el primer cambio revolucionario.

---

[42] "Clean Break – The Story of Germany's Energy Transformation and What Americans Can Learn from It", por Osha Gray Davidson – en http://www.amazon.es/Clean-Break-Transformation-Americans-ebook/dp/B00A4IEJ5K

Estamos acostumbrados –nos hemos formado desde pequeños- con la idea que la energía llega a nuestros hogares desde redes de provisión centralizada.

Sea la energía eléctrica, sea el gas, o en el caso del transporte automotor, el combustible líquido, considera al consumidor como el eslabón final de la cadena que comienza con la generación o producción, que luego de acondiciona o se manufactura, luego se distribuye en las redes mayoristas, y por último en las minoristas para su último eslabón.

En esas redes, los participantes de los eslabonamientos son múltiples y su imbricación con la economía general intensos.

Generan fuentes de trabajo, empresas proveedoras de partes, grandes empresas especializadas en la construcción de las plantas extractoras, generadoras, destiladoras, transportadoras, distribuidoras finales, servicios en todas las etapas, es decir, un complejo económico central cuyas ramas se imbrican empresarial, económica y geográficamente con toda la sociedad.

El nuevo paradigma invierte este direccionamiento, abriéndose a una reformulación en la que el consumidor se convierte en un pequeño productor, la red de distribución se transforma en "bi-direccional".

La fuente primaria se reemplaza por fuentes diversas que son administradas en forma "inteligente" y "cooperativa" por poderosos sistemas de información en los que se conjuga la optimización del costo de producción, de distribución, de horarios y de tarifación.

Pero vamos al primer eslabón, que como veremos, en el nuevo paradigma también es el último, el del consumidor.

¿En qué cambiará su vida y su relación con la energía?

Hay dos respuestas a esta pregunta: desde la oferta, y desde la demanda. Desde el "quién vende" la energía, y el "cómo y en qué" usamos la energía.

Con respecto al "quién", la innovación sustancial del nuevo paradigma es que el consumidor es también productor, a través de la proliferación de generadores energéticos no convencionales –solar, eólico, hidrogénico, etc-. que estarán conectados a la red de distribución y mediante los cuales aportará la energía que generen, la que será adecuadamente medida, tarifada y pagada a cada "consumidor-productor".

El tradicional reloj-medidor de consumo se reemplazará por un reloj-medidor de tráfico en ambos sentidos, tarifando no sólo el gasto sino el ingreso por la energía generada y vendida.

La experiencia alemana es esclarecedora en el potencial de estímulo que conlleva la posibilidad de convertir el hogar en un generador de ingresos energéticos.

Paneles fotovoltaicos sobre los techos de viviendas urbanas

Aunque los departamentos hogareños en las grandes ciudades difícilmente cuenten con superficie destinable a esta actividad, en las ciudades y pueblos así como en viviendas rurales el estímulo para la instalación de generadores alternativos ha funcionado de manera exitosa.

De esta forma, realizada la inversión inicial de los paneles solares fotovoltaicos, la turbina eólica, la célula de combustible de hidrógeno o cualquier otra forma de generación, cada "consumidor-productor" dejará de ser un consumidor pasivo de la energía que llega a su casa.

En su lugar, se transformará en un pequeño empresario energético hogareño, con un mercado permanentemente conectado a sus instalaciones y con todos los usuarios del país convertidos en sus clientes.

Por supuesto, hay que "poner números" para acreditar la viabilidad del sistema. Esos números indican, en los lugares en que se han implementado —y el caso alemán es paradigmático- que la factura eléctrica en un hogar convencional medio es reemplazada por la generación.

La apertura de líneas crediticias adecuadas vinculadas al precio y amortización previsto hacen previsible que el sistema se autofinancie en su totalidad.

En este punto cabe agregar que la demanda eléctrica es una de las variables más previsibles en la evolución futura de un país, obviamente dentro de parámetros de normalidad. De tal forma, permite una tasa de interés baja ya que el riesgo es reducido y, en todo caso, se conjuga con el "riesgo país".

Las ventajas del nuevo sistema no se limitan a la reducción económica. Se extienden a la preservación del planeta al permitir una progresiva eliminación de la quema de combustibles fósiles y de la propia energía nuclear, pero a la vez tiene efectos muy diferentes sobre el mercado de trabajo.

Efectivamente, la característica de diversificación y distribución territorial descentralizada permite no sólo la reducción de riesgos sistémicos, sino que también distribuye la demanda de trabajo para el desarrollo y el mantenimiento del propio sistema.

Las concentraciones centralizadas de ingenieros, técnicos y operarios que requieren las grandes plantas térmicas, nucleares, hidroeléctricas son reemplazadas por la diseminación de los mismos en toda la geografía del país de que se trate, donde es necesario llegar con el apoyo y servicio.

Permite asimismo la multiplicación de empresas fabricantes de equipos y partes, que por sus características no requieren la concentración de capital propia de las obras energéticas elefantiásicas.

El consumidor-productor también debe educar sus hábitos de utilización energética, ayudado por las tarifas diferenciales que estimulen el uso de la energía en los momentos en que la red es provista por "electrones verdes".

De esta forma es posible evitar recargar el consumo en las horas en que la alimentación se concentra en fuentes convencionales, más costosas y polucionantes.

Hay consumos que no admiten la fragmentación, pero los hay que sí. Ejemplos de estos últimos son los sistemas de calefacción que utilizan energía para calentar lozas cerámicas, que almacenan el calor cuando la energía es más barata, y lo liberan en las horas de frío, cuando el precio de la energía normalmente aumenta.

De la misma manera, artefactos del hogar inteligentes pueden programarse para que, por ejemplo, el lavado de ropa o de vajillas se realice en horas de energía barata, o a medida que se desarrolle el mercado del automóvil eléctrico, la carga de sus baterías se realizará preferentemente en horario nocturno.

La iluminación es otro sector susceptible de reducir la carga energética. El primer paso fue la educación para el consumo.

El siguiente fue el desarrollo de lámparas de bajo consumo.

Las LED cubren todas las necesidades de iluminación, pública y de interiores

El tercero está siendo el reemplazo de las lámparas de bajo consumo por las "LED", que permiten además una versatilidad en potencia, color y orientación fuera del alcance de los sistemas tradicionales pero que, además, reducen sustancialmente el requerimiento de electricidad.

De esta forma, el "último eslabón", el consumidor domiciliario, aporta al cambio de paradigma un cambio en su hábito de consumo, estimulado por las redes inteligentes que le permiten la tarifación segmentada y por la posibilidad de convertir a su hogar en una pequeña usina que le genera ingresos porque vende energía a la red.

Gran parte de los mecanismos de ahorro y segmentación horaria del consumo ya descriptos son aplicables a los consumos industriales y oficinas.

En ambos casos son utilizables la iluminación utilizando LEDs, las máquinas fabricadas con los estándares de ahorro energético, el diseño y construcción de edificios aislantes que reduzcan las necesidades energéticas de los sistemas de refrigeración y calefacción, la utilización de fuentes naturales – como el sol, el viento, la orientación- y la incorporación de materiales y sistemas constructivos aislantes.

En el caso de las instalaciones fabriles, toda una línea de bienes de capital "verdes" optimizan el consumo en los motores, reducen la emisión, aprovechan el calor en lugar de disiparlo, procesan los desechos industriales, y todo o parte de la energía que necesitan con instalaciones renovables que recurren al sol, el viento, la geo-termia o el hidrógeno y se suman a la red a fin de vender sus excedentes energéticos cuando así ocurra.

Uno de los mayores obstáculos argumentales para iniciar la reconversión radicaba en el alto costo de las instalaciones de las fuentes alternativas con respecto a las tradicionales.

Este argumento se ha ido diluyendo a medida que avanzó la tecnología para captar energía de las fuentes renovables. Un buen ejemplo lo da la comparación entre el costo de la energía atómica "vis a vis" con la generación fotovoltaica.

A fines del siglo XX, la diferencia de costo efectivamente era importante. El costo de unidad de energía generada desplazaba a la generación no convencional.

Esto cambió paulatinamente al punto que, al iniciarse la segunda década del siglo XXI: dice Geoffrey Carr, editor en temas en energía de "The Economist"[43], que "El coste de las células solares de silicio cristalino ha descendido desde 76,67 $/Wp en 1977 hasta aproximadamente 0,74 $/Wp en 2013. Esta tendencia sigue la llamada "ley de Swanson", una predicción similar a la conocida Ley de Moore, que establece que los precios de los módulos solares descienden un 20% cada vez que se duplica la capacidad de la industria fotovoltaica."[44]

En la misma fuente se afirma que "Cuanto más desciende el coste de la energía solar fotovoltaica, más favorablemente compite con las fuentes de energía convencionales, y más atractiva es para los usuarios de electricidad en todo el mundo. La fotovoltaica a pequeña escala puede utilizarse en California a precios de $100/MWh ($0,10/kWh) por debajo de la mayoría de otros tipos de generación, incluso aquellos que funcionan mediante gas natural de bajo coste. Menores costes en los módulos fotovoltaicos también suponen un estímulo en la

---

[43] http://www.economist.com/news/21566414-alternative-energy-will-no-longer-be-alternative-sunny-uplands - Link extraído el 19/5/2013
[44] http://es.wikipedia.org/wiki/Energ%C3%ADa_solar_fotovoltaica#Eficiencia_y_costos. Link extraído el 15/4/2013.

demanda de consumidores particulares, para los que el coste de la fotovoltaica se compara ya favorablemente al de los precios finales de la energía eléctrica convencional."

Tal realidad es la que lo lleva a afirmar que ya no es apropiado hablar de "energías alternativas", debido a que se están convirtiendo en la fuente primaria predominante, y en consecuencia es más apropiado identificarlas como "energías renovables".

Similar relación ha alcanzado la situación europea[45]: "En el caso del autoconsumo fotovoltaico, el tiempo de retorno de la inversión se calcula en base a cuánta electricidad se deja de consumir de la red, debido al empleo de paneles fotovoltaicos. Por ejemplo, en Alemania, con precios de la electricidad en 0,25 €/kWh y una insolación de 900 kWh/kW, una instalación de 1 kWp ahorra unos 225 € al año, lo que con unos costes de instalación de 1.700 €/kWp significa que el sistema se amortizará en menos de 7 años. Esta cifra es aún menor en países como España, con una irradiación superior a la existente en el norte del continente europeo".

En la Argentina, por la ubicación territorial y la característica "vertical" de su geografía , su insolación es sustancialmente mayor, por lo que la rentabilidad del equipamiento se incrementa notablemente ya que con el mismo costo produce energía durante un lapso horario sustancialmente mayor que en Alemania —ubicada en una latitud equivalente, como está dicho, a la provincia de Tierra del Fuego-.

Más adelante desarrollaremos la conveniencia desde el enfoque microeconómico de un "productor consumidor".

---

[45] ídem

En lo que respecta a los grandes números, es bueno destacar que para países de desarrollo mediano –como la Argentina- y aunque sea "tentador" explotar las reservas de hidrocarburos fósiles, no hay mayor diferencia económica entre la inversión que debe volcarse para desarrollar estos nuevos yacimientos, de la que sería necesaria para desarrollar el parque eléctrico con fuentes renovables.

En costos aproximados de 2013, y en dólares, la construcción de generadores solares tiene un costo de 750.000 por MW instalado –similar a la eólica-, frente a 1.750.000 de una hidráulica, a 850.000 de una central térmica de ciclo combinado – las más eficientes de las termoeléctricas- y a 5.200.000 de una nuclear[46].

Al igual que la hidroeléctrica o la eólica, no requiere combustibles para su funcionamiento, no genera desechos de ninguna clase y su regularidad es muy alta (como que el sol sale todos los días). Pero a diferencia de todas, su costo ambiental es virtualmente inexistente.

---

[46] http://ges.webs.upv.es/articulos/117-energias-renovables-frente-a-energia-nuclear-actualizando-datos-a-final-de-2012.html

Capítulo 8

La solución tradicional: más hidrocarburos

En diciembre de 2010, la petrolera REPSOL anunció el descubrimiento, en la provincia de Neuquén, de un yacimiento de petróleo "shale" con una estimación potencial –informada en noviembre de 2011- de 927 millones de barriles equivalentes de petróleo.

En febrero del año 2012, Repsol - YPF cambió la estimación a 22.807 millones de barriles equivalentes de petróleo[47].

"No debes preocuparte por la situación económica de Argentina. Tu país está navegando en un mar de gas y petróleo". Tal fue la afirmación que –según las infidencias del círculo íntimo de la presidenta Fernández de Kirchner que trascendieron a la prensa- le hiciera el presidente de Estados Unidos, Barak Obama en la reunión bilateral que mantuvieron en Cartagena en abril de 2012.

El presidente norteamericano se refería a la información, en realidad aún no verificada con las correspondientes perforaciones, que la Argentina tendría en su subsuelo la tercera mayor reserva de hidrocarburos "shale", luego de Estados Unidos y China.

A su regreso de ese viaje, la presidenta Fernández dispuso la confiscación de YPF, apropiándose del paquete accionista

---

[47] http://www.repsol.com/es_es/corporacion/prensa/notas-de-prensa/ultimas-notas/08012012-repsol-eleva-prevision-recursos-vaca-muerta.aspx - Link extraído el 22/5/2013

mayoritario, en manos de la española Repsol. Su idea de "parecerse a Alemania" giraba hacia otro modelo: el de Estados Unidos.

El gas de esquisto o "shale" en inglés se encuentra en formaciones rocosas de morfología particular que contiene gas o petróleo "aprisionado" en pequeñas celdas.

Estos hidrocarburos pueden ser extraídos con un proceso tecnológico caracterizado por la fragmentación de esas formaciones inyectando agua a alta presión con adecuados diluyentes.

Major Natural Gas Shale Basins of the United States

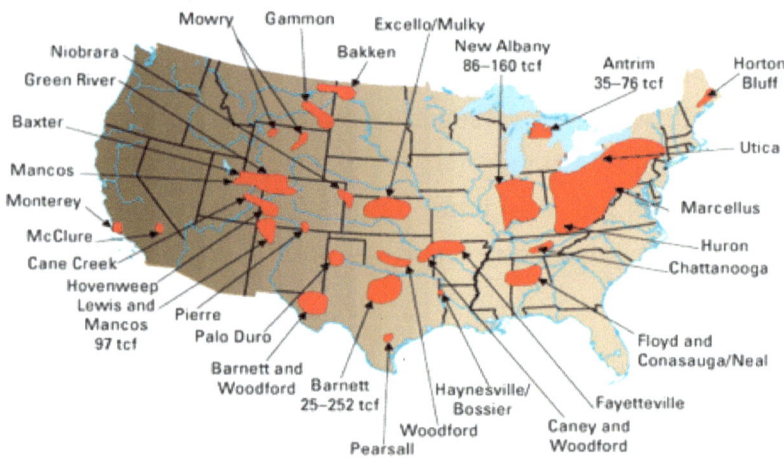

Yacimientos de gas natural en cuencas "shale" en USA

Al tratarse de una tecnología de última generación, todos los yacimientos existentes en el mundo –los más grandes de ellos, en los Estados Unidos, pero también en China, Argentina, Francia, Australia, Canadá y muchos otros países- se encuentran virtualmente vírgenes, alimentando la expectativa de un renacimiento de la quema de hidrocarburos fósiles por varias décadas más.

Si el mundo dura. Porque –dicen los críticos- el daño geológico que puede producir esta explotación es aún una incógnita[48].

Al menos dos movimientos telúricos –si bien pequeños- se han producido ya por esa causa, así como la contaminación de napas freáticas de agua potable subterránea alcanzadas por los hidrocarburos liberados y los líquidos inyectados.

La tecnología exige además la disposición de gran cantidad de agua, lo que afecta la disposición de un líquido cada vez más escaso –ya que se utiliza agua dulce- agravando su escasez y en algunos casos afectando fuentes de agua necesarios para cultivos o la propia provisión humana.

Y –obviamente- al incentivar la quema de hidrocarburos, se relanza potenciado el efecto sobre el CO_2 en la atmósfera, acelerando el calentamiento global, que ha llegado a niveles nunca alcanzados desde la aparición del género humano sobre el planeta.

Recordemos que los niveles actuales de partículas de CO_2 en la atmósfera alcanza a un porcentaje que la tierra había dejado atrás hace tres millones de años (400 partes por millón)[49].

Ese porcentaje, al comenzar la revolución industrial –hace dos siglos- se encontraba en 200 partes por millón. El cálculo del

---

[48] http://www.cbc.ca/news/technology/story/2012/04/17/environment-fracking-earthquake-studies.html - Link extraído el 18/5/2013.
[49] http://www.lanacion.com.ar/1581115-maximo-historico-de-co2-en-la-atmosfera - Link extraído el 18/5/2013

Panel Internacional de Cambio Climático –organismo científico de la Convención de Cambio Climático de las Naciones Unidas- anuncia que al llegar a 500 partes por millón la temperatura promedio de la atmósfera puede aumentar entre dos y cinco grados.

Y además, el costo.

En cálculos efectuados por YPF –en su nueva conducción estatal- y citados por el ex Secretario de Energía y especialista en temas energéticos Alieto Guadagni, en los próximos diez años serán necesarios 37.000 millones de dólares para poner en marcha el yacimiento de Vaca Muerta, reservorio de gas al que sería necesario aplicar la tecnología del "fracking", fuertemente cuestionada por sus posibles efectos contaminantes de los acuíferos.

Aún si esa contaminación no existiera –lo que es sostenido por científicos de prestigio, que alegan la diferencia de profundidad entre las reservas de shale y los acuíferos, así como el aislamiento de los conductos-, lo que sí existirá es el aporte térmico y polucionante de la quema del gas extraído, lo que reforzará el "efecto invernadero" en forma innecesaria.

Efectivamente, con esos mismos recursos podría desarrollarse el programa de reconversión integral del sistema energético, tender redes inteligentes, reconvertir el consumo público, programar la reconversión del transporte público y privado, financiar la instalación de generadores hogareños vinculados a la red y construir además parques generadores eólicos y solares en el sur y norte del país, respectivamente, vinculados a la red interconectada nacional.

"No tendríamos gas para exportar", podría ser la respuesta de algún entusiasta de las posibilidades económicas que la explotación de "Vaca Muerta" acarrearía al país.

La respuesta a esta afirmación requiere un nuevo marco conceptual que desplace a lo "económico de corto plazo" como listón con el cuál se deben comparar las políticas alternativas.

Por supuesto que no podríamos exportar, ni conseguir las "ventajas económicas" que ello traería. Como contracara, tampoco tendríamos la contribución a los efectos salvajemente negativos de quemar gas y petróleo, actividad que es tan nociva para el planeta —y para cada uno de los seres humanos, vivan donde vivieren- sea cual sea el lugar de la Tierra en la que se efectúe, por el efecto dispersión de cualquier componente con propiedades disipatorias en la atmósfera.

La insistencia en potenciar el uso de hidrocarburos fósiles con la explotación de Vaca Muerta responde, en realidad, a motivaciones económicas más que energéticas.

En rigor, el argumento más "fuerte" no se relaciona con la conveniencia energética, sino con la posibilidad de explotar una nueva fuente de rentas, en un mercado internacional que se avizora como tenso y al alza.

La cuantificación en "cantidades de PBI" que contendrían las reservas de oil-shale y gas-shale son la mejor demostración.

Quienes reclaman la explotación intensiva de Vaca Muerta no apuntan a la solución del problema energético, sino a una discusión más profunda y peligrosa: el tipo de sociedad buscado.

Al final del argumento se encuentra una sociedad rentística, que reproduzca su indiferencia frente el planeta y las generaciones futuras, viviendo de la liquidación irracional de sus recursos naturales.

La energía que necesitará la Argentina en las próximas décadas puede obtenerse de fuentes renovables. Exprimir los hidrocarburos del subsuelo, ignorando los perjuicios y peligros colaterales, se presenta como una posible fuente de abundantes ingresos, antes que como una opción energética necesaria.

Desde esta perspectiva, el debate abandona el campo de la política energética para pasar al de la política económica y, en un sentido más general, al de la política entendida como la actividad de decisión estratégica sobre el perfil de desarrollo y convivencia deseado por la sociedad.

"China y Estados Unidos lo hacen", es el argumento que se escucha entre los partidarios de centrar los esfuerzos en Vaca Muerta. La invocación, sin embargo, parece incoherente, o al menos, insuficiente. Las acciones negativas de otros no pueden ser modélicas para nuestra conducta.

Desde el enfoque global, la actitud argentina debiera ser sumarse a quienes en el mundo pretenden racionalizar la convivencia produciendo otros modelos de funcionamiento económico y social, nunca tomar como ejemplo a quienes provocan el suicidio lento de la humanidad.

Al (mal) ejemplo de China y USA, en todo caso, debiera respondérsele con un buen ejemplo, o con el (buen) ejemplo de la Unión Europea en general, y de Alemania en particular.

Al caso alemán, ya nos hemos referido. En una década produjo una revolución energética apoyada en la energía solar, agregando a su parque generador 30.000 Mwh en diez años y decidiendo renunciar definitivamente a su programa de energía nuclear luego del accidente de Fukushima.

Pero también podemos mencionar el caso danés. Desde 1980 hasta el 2008, el PBI de Dinamarca creció un 70 %. Su consumo de energía se mantuvo en ese lapso virtualmente en el mismo nivel.

Este logro no se obtuvo por magia, sino por una política inteligente de desincentivo al uso de hidrocarburos fósiles, la promoción de nuevas fuentes primarias renovables y una política impositiva que carga en el consumidor de combustible fósil el costo de la emisión de CO_2.

Esta política no le produjo estancamiento económico, ni desocupación. De hecho, su nivel de desempleo es uno de los menores de la Unión Europea, apenas superando el 2 %[50].

Cada país debe realizar su cálculo de costos y beneficios. Estados Unidos debe hacer el suyo, al igual que China.

En el primer caso, la necesidad de replegar sus fuerzas militares de zonas altamente conflictivas —el medio oriente y Asia Central-, conlleva la necesidad de independizarse del petróleo de esas zonas, y una solución intermedia hasta lograr producir la reconversión integral de su sistema energético puede ser la explotación de su "shale".

En el caso norteamericano, el crecimiento del shale desde 2010 fue acompañado con la fijación por ley de objetivos de reconversión energética hacia las fuentes renovables y por el decidido estímulo a la reconversión.[51]

---

[50] Friedman, Thomas L., "Hot, Flat and Crowded", Penguin Group, 2008, UK, pág. 18

En el caso de China, la industrialización acelerada que necesita impulsar para mantener su equilibrio político es imposible sin energía, y el "shale" puede ofrecerle también una transición.

Ni uno ni otro país se lanzan a la explotación del "shale" como opción generadora de rentas, sino como mal menor y hasta que maduren tecnológicamente los desarrollos tecnológicos de opciones alternativas (hidrógeno, o el propio ITER), de los que ambos países participan.

No obstante, están lejos de merecer aplausos respuestas a esos problemas que vuelcan sobre el resto del mundo el relanzamiento del calentamiento global que deberán soportar todos, al dar un nuevo impulso a la quema de hidrocarburos fósiles.

En el caso argentino, nada de eso ocurre. El país no necesita reemplazar drásticamente los hidrocarburos fósiles, y tampoco tiene previsto un desarrollo industrial tradicional que requiera un aporte energético extraordinario, estadio que ya ha logrado hace décadas.

En todo caso debe impulsar la incorporación tecnológica y la modernización, que demanda menos energía por unidad de producto.

De ahí que insistir en la expansión de la provisión energética tradicional anula su potencialidad modernizadora y refuerza su atadura con un paradigma económico propio de mediados del siglo XX.

---

[51] http://www.somoseolicos.com/2013/noticias/obama-pide-mas-energia-eolica-mientras-espana-aprueba-medidas-en-su-contra/ - Link extraído el 22/10/2013

Apostar a los hidrocarburos fósiles como fuentes de rentas no se asemeja a Alemania, ni a Estados Unidos, y ni siquiera a China, sino más bien a los países feudales petroleros del Oriente Medio.

No hay argumentos decisivos que obliguen a destrozar la geología.

La Argentina está en condiciones de reformular su sistema energético agregando generación por energías renovables, y mantener en lo sustancial su actual parque térmico para alimentar los sectores industriales y consumos de difícil abastecimiento con las fuentes renovables.

Este debate, como puede suponerse y observarse, es de difícil inclusión en la agenda política. Cuando se trata de considerar el problema energético, la inercia lleva a todos a reproducir y ampliar el sistema vigente.

Desde el gobierno argentino, como se ha mencionado, se invoca como logro destacable la construcción de dos grandes centrales *¡térmicas!* durante la última década.

Poco, sin embargo, es lo que agrega una mirada diversa a la oficial. Desde la oposición, en efecto, se imputa a la gestión kirchnerista haber "perdido el autoabastecimiento de hidrocarburos", pero se proponen como opciones otras alternativas de inversión y financiación para dinamizar la utilización comercial del yacimiento gigante de "Vaca Muerta", lo que permitiría recuperar la tradicional "soberanía energética".

El retraso de la reflexión política sobre el campo energético pudo observarse en ocasión del debate parlamentario sobre la iniciativa kirchnerista de confiscar la mayoría accionaria de la empresa YPF S.A.

La mayoría de las posiciones opositoras cuestionaron aspectos metodológicos de tal decisión, coincidiendo sin embargo en lo fundamental, al punto que la iniciativa legislativa oficial mereció el apoyo "en general".

egisladores de bloques opositores apoyan en el Congreso argentino la estatización de YPF

Nada grafica más esta obsolecencia conceptual que la imagen de legisladores opositores exhibiendo banderitas argentinas de papel el día de la sesión de la Cámara de Diputados, en una grotesca muestra de la inexistente reflexión de futuro sobre el enorme desafío de reconversión energética de Argentina y del mundo.

Salvando las formas de instrumentación, puede afirmarse entonces que no hay diferencias sustanciales entre la propuesta kirchnerista y la de la mayoría opositora.

Esa línea argumental, llevada a sus extremos, conduciría a la conclusión que el país sería inviable y su desarrollo imposible si no contara con reservas hidrocarburíferas en su subsuelo que le permitieran su tan meneada "soberanía energética".

Sin embargo, la mayoría de los países del planeta no tienen recursos energéticos fósiles en su geografía y varios de ellos han demostrado suplir esta falencia con inteligencia, inversiones, desarrollo tecnológico y sustitutos adecuados.

Simplemente el ejercicio intelectual de imaginar que el yacimiento de "Vaca Muerta" no se hubiera descubierto, o —más probable aún- que aun existiendo, fuera técnica o económicamente imposible su explotación muestra la falacia lógica de tal razonamiento. ¿Significaría ello que se terminaron las posibilidades de futuro para la Argentina y sus ciudadanos?

Recordemos, adicionalmente, que la "soberanía" energética tiene varios caminos. Desarrollar un paradigma apoyado en las fuentes alternativas renovables permite la mayor de las soberanías imaginables.

Parque eólico de Rawson, Chubut

Efectivamente, por sus características continentales la geografía argentina brinda recursos diversos, desde jornadas de sol intenso en el norte hasta el fuerte y constante viento patagónico, las mareas en la costa atlántica o los desechos de basura domiciliaria de las grandes ciudades, recursos que efectivamente son inagotables.

Hemos citado el ejemplo de Alemania: su ubicación geográfica entre los paralelos 51 y 55 de latitud Norte equivalen, en nuestro territorio, a la superficie que se extiende entre Rio Gallegos y el sur del Cabo de Hornos.

Con el sol que recibe en esa latitud, Alemania logró instalar un parque generador solar de 32.000 Mwh en menos de una década.

La extensión "vertical" de nuestra geografía, que recibe durante todo el año en gran parte de su territorio una radiación solar que llega hasta el trópico multiplica la potencialidad que tiene la propia Alemania.

Optar por esa alternativa tiene un valor agregado: no asociarse a la destrucción del planeta ni obligarse a participar de juegos de poder imbricados con influencias militaristas, acercamiento a sociedades tensionadas por la escasez o acuerdos internacionales que poco tienen que ver con los verdaderos intereses nacionales de desarrollo tecnológico, profundización de la vida democrática, equidad y defensa del ambiente.

Autobús "híbrido" desarrollado por la UN La Plata, el Gobierno de la Ciudad de Buenos Aires y la Cámara de Autotransporte de Pasajeros

Aunque existen en la Argentina innumerables iniciativas de energías alternativas, y varias exitosas, sin embargo no han logrado instalarse en el escenario mayor del debate energético sino sólo como muestras marginales –y, en cierta forma, exóticas– sin integrarse en una visión holística que incluya la distribución, el consumidor-productor, la educación para el consumo racional, y la promoción de un proceso de reconversión energética integral.

Por supuesto que una mirada realista no puede ignorar a las fuentes no renovables tradicionales, que han sido y son hasta hoy las dominantes y virtualmente exclusivas.

Una reconversión exitosa no puede obviar la adecuada transición que contemple los intereses en juego, las personas que trabajan en las diferentes etapas y el readiestramiento –empresarial, técnico, laboral-. Igualmente el juego virtuoso de "des-estímulos" y estímulos, para orientar el cambio.

Sin embargo, esa orientación debe estar clara.

El sector energético es quizás el área de la economía en el que es posible prever mayor cantidad de variables por la posibilidad de incidencia de las políticas públicas en el desarrollo de los hechos.

Es, entonces, un campo en el que la política, como actividad mediante la cual los seres humanos toman las riendas de su futuro y toman decisiones que afectan a grandes grupos humanos, tiene mayor eficacia potencial.

El paradigma con el que se desarrolló el uso de la electricidad fue el de la distribución centralizada.

Si bien en las décadas iniciales cada ciudad –o cada barrio- contaba con su usina generadora –pública o privada, según el país y el estilo de cada región-, el objetivo de las redes que conformaban un sistema unificado nacional era compartido por todos.

El "sueño" de los responsables del área energética de los países era lograr cerrar un circuito de distribución que llegara desde todas las fuentes primarias hasta todos los usuarios finales, con una red interconectada que permitiera llevar la energía a todos lados compensando en todo momento las debilidades de alguna de ellas con la fortaleza de otras.

Ese paradigma era compatible con las economías nacionales cerradas, la producción grandes plantas, la concentración de capital en alta escala, y en general con el estilo de desarrollo que siguió la economía durante el siglo XX.

Ese modelo se agotó, y con él sus subsistemas entre los cuales el energético era tal vez el más importante.

La revolución de las energías renovables, que por definición no requieren gran escala sino que son compatible con multiplicidad de productores individuales, abre el camino a una nueva forma de distribución: bidireccional, inteligente y altamente flexible.

Capítulo 9

Cualquiera puede ser empresario energético

¿Le gustaría ser propietario de una empresa abierta las 24 horas que no requiere su actividad permanente, ni empleados, ni local a la calle, sino que una vez en marcha la instalación genere ingresos por sí sola?

Casa con paneles solares en su techo, en Massachusets, USA

No es una utopía. Ya existe. Hablamos de sus principales países de desarrollo, Alemania y Estados Unidos[52], en algunos de cuyos Estados ya existen planes en marcha.

---

[52] Para una aproximación al tema en USA, y la venta de energía hogareña a la red, puede verse
http://www.windpoweringamerica.gov/pdfs/small_wind/small_wind_guide_spanish.pdf

Pero también en la región. Así ocurre, por ejemplo, en Chile, donde la ley 20571[53], vigente en pleno proceso de implementación, establece las bases para la tarifación de la generación eléctrica domiciliaria.

La filosofía sobre la que se asienta esta política es que el principal soporte del cambio debe ser el hombre común.

La enorme demanda de recursos de todo tipo que requiere la reconversión es sólo soportable si logra movilizarse a la sociedad entera.

Movilizar la sociedad es, por definición, la movilización de sus integrantes.

Cada hogar puede convertirse en una pequeña usina.

Cada uno debe poder vender a la red la energía que produce.

Cada uno debe sentir el estímulo y el impulso para invertir en su pequeña usina no convencional, apoyado en un diseño tarifario estable que le permita realizar sus cálculos de inversión de mediano y largo plazo y ayudado por una política crediticia también estable, sencilla y accesible.

La generación hogareña ha sido el gran motor de la reconversión alemana. La tarifa eléctrica ya no es allí sólo una carga que golpea mensualmente los ingresos familiares, sino un flujo que por un lado indicará el costo de la energía que ha gastado, pero por el otro el ingreso de la energía que ha fabricado.

---

[53] http://www.leychile.cl/Navegar?idNorma=1038211 – Link extraído el 19/5/2013

Esta nueva realidad es eslabón final e inicial –a la vez- de un paradigma en el que la energía abandona su imagen pasiva, resignada y receptora, sólo reducible renunciando a confort y bienestar, para transformarse en una interacción permanente.

Allí cada uno puede incidir, no sólo regulando el consumo sino también la producción y hasta lograr algo hasta ahora impensable: excedentes que le produzcan ingresos monetarios.

Los excedentes energéticos generados en cada hogar pueden ser "ahorrados" para épocas en que se consuma más energía, o vendidos a la red.

Su puesta en valor estimula además el propio ahorro energético, no ya como una actitud de privación sino como una mejor decisión de uso.

Para lograr este entusiasmo inversor es imprescindible, como ocurre con todas las decisiones de este tipo, allanar la mayor cantidad posible de riesgos. Esa es una responsabilidad de las políticas públicas.

El esquema tarifario, crediticio y educativo son pilares sobre los que se asienta la viabilidad de esta transformación.

La relación "inversión-recuperación" está siguiendo ya desde hace una década una curva virtuosa que permite hoy en Europa, por ejemplo, una recuperación en un lapso de entre seis meses y dieciocho meses –cuando hace apenas un lustro, requería no menos de cinco o seis años-[54].

---

[54]

http://www.epia.org/uploads/tx_epiafactsheets/110513_Fact_Sheet_on_the_Energy_Pay_Back_Time.pdf

Los equipos recuperan su costo en un año y medio, pero seguirán produciendo electricidad limpia durante treinta años.

En el plano tarifario, la alineación tarifaria con el costo real de la generación eléctrica es un componente importante, ya que impulsará el "costo de oportunidad" y los costos de la inversión que se realice.

Una energía tradicional subsidiada y artificialmente barata prolongará los plazos de amortización de las instalaciones hogareñas de generación.

La escala de fabricación del equipamiento tendrá relación directa con la demanda.

Una demanda testimonial creará seguramente equipos también testimoniales, artesanales. Sólo una fabricación industrial reducirá sus costos a partir de la ampliación de la escala de su demanda.

El subsidio que ha producido en la Argentina la reducción del precio al consumidor ha tenido en la primera década del siglo un efecto pernicioso no sólo en el desarrollo del modelo de generación hogareña sino en la posibilidad de utilización de proyectos enmarcados en el Protocolo de Kyoto, a través de su "Programa de Desarrollo Limpio".

Ello en razón de que las tecnologías de generación, cuyo costo son comparables con la generación tradicional, no pueden financiarse con el precio de la energía generada a valores del mercado interno.

Ese subsidio es posible mientras existan otros sectores a los que les pueda capturar rentas para volcar al consumo (en Argentina, centralmente los recursos captados del sector agropecuario a través de las "retenciones" a la exportación) y esconde el verdadero precio de la energía consumida.

La captación de excedentes de sectores rentables arrastra otro efecto pernicioso: neutralizar los excedentes con los que esos sectores excedentarios pueden financiar la modernización de sus equipamientos y su avance hacia el escalón de la industrialización. Los convierte en eternamente primarizados y dependientes de la materia prima sin industrializar.

Su papel negativo no se agota en este extremo, sino que además fomenta el derroche energético, al no transmitir con claridad el verdadero valor de la energía consumida.

Estudios serios realizados por Montamat y Asociados[55] que realizan un seguimiento mensual de los precios relativos de la energía en Argentina "vis a vis" la región, muestran que el precio de venta al usuario de la energía en Argentina oscila alrededor de la mitad del vigente a nivel internacional y al propio nivel regional.

La Argentina consume energía abonando por ella la mitad de su costo de producción, tanto a nivel de industrial como de las familias, el transporte y el sector público. La diferencia es cubierta por una transferencia de ingresos que se captan centralmente, como está dicho, del sector agropecuario y a partir de 2009, del impuesto inflacionario.

La transformación energética exige el sinceramiento tarifario y, en el caso de seguirse prefiriendo el subsidio, extender el mismo a la generación domiciliaria. Pero este último curso de acción profundizará el desequilibrio, al golpear a los sectores

---

[55] http://www.montamat.com.ar/ultimo-informe.html - Link extraído el 19/5/2013

contribuyentes, e impide eventualmente poder volcar hacia otros sectores de inversión productiva esos excedentes.

En la Argentina, debido a su extensión territorial, las posibilidades de instalación de equipos hogareños eólicos y solares en toda la superficie nacional, y solar en más de la mitad de la extensión, le otorga una potencialidad notable.

Las numerosas iniciativas de técnicos, productores, usuarios, universidades e investigadores han sido neutralizadas por el escenario legal y una política de desaliento, a través de la inestabilidad, las tarifas y el estímulo al gasto público en megainversiones, por definición más susceptibles a los costos "negros", las comisiones ilegales y los gastos ocultos.

Capítulo 10

Punto de inflexión: hacia atrás o hacia adelante

El mundo tiene su debate. Podemos participar en él, sumando nuestras voces y nuestra acción a uno u otro de los caminos que se proponen.

Podemos apoyar los esfuerzos de quienes entienden que el planeta es la única casa que tenemos, que no tenemos derecho a exprimir hasta la última molécula de sus recursos naturales y que nuestra responsabilidad no se agota en nosotros o nuestros hijos, sino que como única especie con capacidad de comprensión tenemos la obligación de preservar esa casa común para las generaciones que vendrán.

O podemos sumarnos a quienes prefieren la opción de esforzarse por vivir lo mejor posible, aún a costa de liquidar lo que queda de esa casa común, desinteresados de las generaciones que vienen y de la propia subsistencia de los seres humanos, como especie.

Hoy esas opciones están marcadas con aceptable claridad. No son opciones "nacionales", porque atraviesan las sociedades horizontalmente, y hay partidarios de una u otra en toda la geografía planetaria.

Pero acotando las opciones a las políticas públicas, una bifurcación es clara: tomar el rumbo de terminar con la quema de combustibles fósiles impulsando nuevas fuentes primarias renovables es un camino. Continuar con la quema petróleo, gas y derivados, o darle nuevo impulso renovando la actividad extractora con tecnologías sofisticadas y altamente polucionantes, es el otro.

En la Argentina esos caminos también se proyectan.

La alternativa de diseñar una planificación energética de reconversión a través de una estrategia integral que incluya la generación, la distribución y el consumo dirigido a disminuir sistemáticamente el aporte de los hidrocarburos fósiles es una alternativa posible, democrática, participativa, nueva.

Como se ha visto en este trabajo, esa tarea es posible, razonable, avanzada, solidaria.

El primer punto es tomar conciencia que el consumo energético no es gratis, ni en términos económicos ni en términos de degradación de la calidad de vida.

Consumir energía con criterio de escasez no significa renunciar al confort, sino hacerse frente a cada consumo la pregunta de cuál es la forma de obtener el mismo confort sin dilapidar energía.

Esa pregunta debe estar en todos, desde el gran planificador de políticas públicas, hasta el ciudadano común.

El segundo punto es traducir esa toma de conciencia en acciones concretas.

Desde las políticas públicas el abanico de acciones es muy grande y no se requiere "inventar la pólvora". Las herramientas del Estado son poderosas cuando existen convicciones y decisiones estratégicas.

Privilegiar el transporte público por sobre el transporte automotor particular es atacar uno de los despilfarros energéticos más notables. Hacerlo demanda una política ferroviaria, una política naval, una política de reglamentación de emisiones que estimule –y luego, imponga- a las fábricas de automotores, colectivos y camiones la producción de modelos cada vez más eficientes.

Requiere inteligentes políticas de tarifas, y planificación de la infraestructura que tenga como dato central el ahorro energético.

Los particulares también deben sentir la educación y el estímulo hacia la reducción de sus consumos. Desde la adecuada difusión de los riesgos del derroche energético y los instrumentos de reconversión, las acciones de los ciudadanos pueden ser contundentes.

Aunque suene simple, una actitud que debe retomarse es la utilización de la energía natural. La luz ambiente de origen solar, que acompañó a la humanidad desde siempre, debería ser aprovechada al máximo en los edificios, produciendo un hito que vuelva sobre la tendencia de las últimas décadas de reemplazarla por la luz artificial en fábricas, oficinas y hogares.

La utilización para la iluminación de artefactos de bajo consumo, de los cuales los más eficientes a la fecha de este trabajo son los "LED" ("Light Emitting Diode", o diodo emisor de luz)[56], deben estimularse con reducciones arancelarias, impositivas, estímulo para la investigación y para promover la fabricación.

---

[56] http://es.wikipedia.org/wiki/Led#Invenci.C3.B3n – Link extraído el 22/5/2013

Los "LED" son artefactos lumínicos que optimizan la energía en la producción de luz, evitando su tradicional remanente en las lámparas eléctricas tradicionales, que es la disipación de calor.

El crecimiento en el uso de las LED es exponencial y su ahorro energético con relación a las bombillas eléctricas tradicionales es del 90 %. Originalmente utilizadas para iluminación de grandes edificios y obras públicas, su acelerada masificación la ha llevado a ser ya una opción para la iluminación hogareña.

El equipamiento hogareño es susceptible de racionalización energética. Privilegiar los artefactos de consumo "ecológico" y utilizarlos en horarios en que la red se encuentra en un momento de baja demanda lleva a utilizar la energía de base – normalmente, de fuentes hidroeléctricas- en lugar de las más polucionantes de origen térmico o nuclear, que se generan en horas de consumo "pico".

De la misma forma, diseñar e incorporar a los hogares sistemas de calefacción que utilicen energía en momentos de bajo consumo de red, acumulando el calor para liberarlo en momentos de electricidad "cara" ayudará a disminuir las emisiones. Estas prácticas deben ser estimuladas por tarifas diferenciales por horario de consumo, pero nada impide que las personas las adopten aún sin contar con una política pública expresa.

El transporte es un gran consumidor de energía. Hablamos de privilegiar el transporte público. Por sus características, el transporte público es más rápidamente inducible hacia la reconversión.

Los vehículos colectivos de pasajeros ciudadanos deben ser impulsados por motores eléctricos, celdas de hidrógeno o biodiesel.

Londres ha incorporado 600 buses híbridos, impulsados a hidrógeno

Los de larga distancia deben ser estimulados para la adopción de motores de la máxima eficiencia, en una transición que debe terminar con la proscripción de la quema de hidrocarburos fósiles.

La reglamentación debe prever el estímulo al uso de vehículos de baja cilindrada, evitando aquellos con potencia innecesaria para el uso que se planea darles.

Igualmente el estímulo a la fabricación de vehículos híbridos, sea por el uso de diferentes clases de combustibles – alconafta y biodiesel- como por las nuevas experiencias tecnológicas de automóviles eléctricos con celda de combustible o utilización del hidrógeno como combustible en lugar de nafta o diésel.

Desplazar el uso hacia la electricidad en lugar de la quema directa de hidrocarburos fósiles tenderá a facilitar la reconversión del sistema, ya que la generación eléctrica, aún a partir de usinas térmicas de "uso combinado", es energéticamente más eficiente y menos polucionante que la quema individual.

Pero pocas políticas tienen un potencial tan marcado como la de impulsar la incorporación de nuevos generadores hogareños, que han mostrado ser una pieza fundamental en la reconversión del sistema energético en aquellos países en que han decidido tal política como estrategia pública.

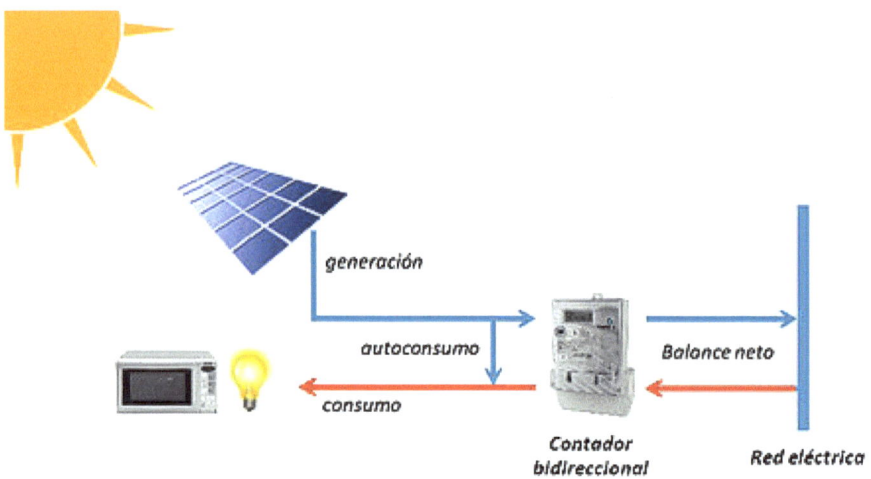

Diseño básico de una red bidireccional

La red bidireccional, alimentada por grandes generadores pero también por infinidad de pequeños empresarios eléctricos de dimensión domiciliaria, estimula la inversión de familias y personas que comienzan a ver a sus paneles solares o sus usinas eólicas como fuentes adicionales de recursos hogareños, desatando un proceso multiplicador de alcances insospechados. El ejemplo ya mencionado de la República Federal de Alemania es ilustrador al respecto.

Los electrones verdes deben dirigirse a consumos verdes. Esta afirmación llega a los equipamientos industriales.

La reconversión de máquinas fabriles hacia los consumos más eficientes acompañará su reconversión hacia procesos menos contaminantes del agua y la atmósfera, proscribiendo la emisión de desechos sin tratamiento y la menor utilización de materias primas polucionantes.

A tal fin una política impositiva adecuada deberá estimular la reconversión.

Las fábricas que reconviertan sus equipos y maquinarias hacia procesos menos "energo-intensivos", de menor emisión de CO_2 y gases de efecto invernadero y menos polucionantes, deben recibir estímulos equivalentes a sus inversiones.

Este deberá ser el primer paso hacia la proscripción lisa y llana de los equipos obsoletos, energo-intensivos y contaminantes una vez atravesado un período de adaptación razonable.

Capítulo 11

Los caminos posibles

Quien haya nacido a mediados del siglo XX, llegó a un mundo con 2.500 millones de habitantes.

Si tiene la suerte de llegar a los cien años, lo dejará con 9.500 millones.

Siete mil millones de habitantes de más, en apenas un siglo.

Para tener una idea de la magnitud de la cifra, recordemos que la humanidad tardó un cuarto de millón de años en llegar desde los pocos miles de originarios "Cromagnones" a 1.500 millones de habitantes, los que tenía al comenzar el siglo XX.

En ciento cincuenta años habrá multiplicado por 5,5 esa población. Repito, para que los números se dimensionen adecuadamente. En 250.000 años llegamos a 1.500 millones de personas. En 150 años multiplicamos esa población por 5,5 previendo llegar a los 9.500 millones a mediados del corriente siglo.

Pero el planeta es el mismo.

Cierto es que la tecnología hace eficientes los procesos de alimentación, salud, vivienda, provisión de agua potable, confort. Pero también lo es que el planeta se degrada paulatinamente, perdiendo recursos que no puede renovar.

Los primeros fueron los biológicos. Las especies han pagado con su mega extinción la fuerte presión humana. No quedan prácticamente ya grandes mamíferos, salvo en zoológicos o zonas tan protegidas que no permiten considerarse como ecológicamente funcionales a los animales que allí viven. Son, por así decirlo, museos vivientes.

La extinción alcanza a grandes especies vegetales, a bosques talados para incorporar esas superficies a la producción alimentaria y últimamente, para usarlas en la generación de vegetales para utilizar como materia prima de fabricación de bio-combustibles.

Los bosques cumplen varias funciones en la dinámica biológica del planeta. Estabilizan el clima, producen la fotosíntesis, fijan el carbono de la atmósfera a la tierra estabilizando el CO_2 adecuado para la vida tal como la conocemos –incluso la humana-, mantienen el ciclo del agua con su intervención en la fijación del agua a la tierra evitando el escurrimiento del agua dulce hacia el mar y aseguran la diversidad biológica.

Pero la masa forestal del planeta se ha reducido en un 50 por ciento en apenas cien años, con su influencia negativa en el clima y en el equilibrio de la atmósfera.

También se extinguen especies marinas.

No quedan ya numerosas especies de peces que, hasta hace apenas pocas décadas, poblaban los océanos. Pesqueros que durante siglos alimentaron poblaciones enteras hoy están agotados.

En la Argentina, en la pequeña dimensión de nuestra realidad, observamos la extinción en el Mar Continental, entro otros peces, de la Merluza Negra y de la propia merluza de consumo masivo. En el Paraná, la disminución de dorados[57] y la virtual desaparición de los pacú, los manguruyú y del propio surubí[58] es un triste recordatorio de la acción depredadora.

Muchos ríos han muerto. El Yang Tse en el sudeste asiático[59], al igual que el Rio Amarillo[60], no admiten ya pesca de subsistencia. En los grandes ríos de todos los continentes son innumerables las especies que se han extinguido y las que hoy son consideradas en vías casi inexorables de extinción.

Pero también otros animales. Se ha dicho que la época actual configura una de las granes extinciones de las especies vivientes en el planeta. Sin embargo, una gran diferencia es el ritmo. La última gran extinción, la extinción del Cretácico, se extendió durante varias decenas de miles de años.

La extinción actual, llamada la extinción del "Holoceno", comenzó hace aproximadamente 14.000 años —en que se extinguieron algunos mamíferos gigantes como el Mamut, por acción de la caza humana- pero está concentrando en dos siglos una dimensión varias veces superior a la extinción cretácica, debido a la acción de una especie: la especie humana.

---

[57] http://www.universalocean.es/la-sobrepesca-pone-en-grave-peligro-al-pez-dorado/ - Link extraído el 26/5/2013
[58] http://www.barrameda.com.ar/pecespar/ - Link extraído el 26/5/2013
[59] http://vaquita.tv/es/educacion/extincion-del-delfin-de-rio-yangtze/ - Link extraído el 26/5/2013
[60] http://www.veoverde.com/2013/04/cientos-de-cadaveres-humanos-y-animales-contaminan-rio-en-china-verde-y-bizarro/ - Link extraído el 26/5/2013

La dimensión de la extinción actual es de tal magnitud que varios científicos afirman que en el lapso de un siglo, habrán desaparecido el 70 % de las especies vivientes actualmente en el planeta, fundamentalmente por desaparición de sus hábitats naturales[61].

El agotamiento biológico, sin embargo, no es el único. Materiales minerales –como el carbón, el petróleo, el gas, el agua potable y varios minerales de uso como materia prima industrial- están siendo virtualmente agotados por su explotación sin – obviamente- posibilidad de reemplazo.

El planeta está siendo exprimido hasta su última molécula, en un ritmo y con una profundidad tal que quedará agotado en pocas décadas.

Tal vez la mitad del siglo actual sea un hito, cuando se llegue a los 9.500 millones de habitantes, se haya agotado el petróleo, la temperatura de la atmósfera se encuentre en 4 o 5 grados C por encima que la actual, los océanos hayan elevado el nivel de sus aguas en una dimensión aún hoy imprevisible (ya que las estimaciones oscilan entre 20 cms. y 1,50 mts.), no exista ya vida marina, los episodios catastróficos atmosféricos sean cotidianos por su dimensión y capacidad de daño y los alimentos y el agua potable sean escasos generando conflictos, tensiones y guerras por su apropiación.

La insostenibilidad del actual modelo de desarrollo y convivencia ha sido analizada y sometida a todas las falsaciones posibles. Los científicos dicen que en el actual nivel de consumo y bienestar de las sociedades desarrolladas, la Tierra no está en

---

[61] http://es.wikipedia.org/wiki/Extinci%C3%B3n_masiva_del_Holoceno – Link extraído el 26/5/2013

condiciones de alimentar ni siquiera a la actual población de siete mil millones de personas.

Sin embargo, bajando el nivel de consumo de alimentos a la mitad, por ejemplo, esa cantidad puede ascender a Diez mil millones –los que orillaremos a mediados de siglo-[62]. Pero es necesario recordar no sólo que pocos aceptarían disminuir su actual nivel de vida, sino que aunque así fuera "no sólo de pan vive el hombre".

También bebe agua, se viste, requiere confort, se calefacciona y refrigera, espera hábitats confortables. Todo esto no es compatible con destinar la totalidad del suelo del planeta al cultivo alimentario.

El sobrevuelo realizado muestra que ni el agua, ni el aire, ni el suelo ni los recursos del planeta dan sustentabilidad a una población como la que existe –y existirá- con el nivel de consumo de los mencionados recursos.

Puede cambiarse el estilo de vida. Cierto. Y seguramente eso será impuesto por la realidad. Pero aunque así sea y logremos una humanidad sustancialmente más austera, hay actividades que no pueden prescindirse: comer, respirar, abrigarse, beber.

Esa es una alternativa. Aquella a que nos conduce la situación actual de ignorar el deterioro de la biosfera, la polución creciente, el desperdicio del agua potable, el enrarecimiento de la atmósfera y la quema de combustibles fósiles como fuente energética primaria.

¿Hay otra?

---

[62] http://www.earth-policy.org/book_bytes/2010/pb4ch09_ss6 - Link extraído el 24/5/2013

Por supuesto. Es la que proponemos.

Capítulo 12

Cambiar el paradigma comienza por cada uno

El cambio de paradigma que deberá enfrentar la humanidad en los próximos lustros tendrá una profundidad como nunca se ha visto en la historia.

Una civilización energética encontrará su techo: no habrá más energía disponible con facilidad, y la que quede como coletazos de un tiempo de dispendio –como los nuevos yacimientos no tradicionales de hidrocarburos fósiles, como el ya comentado "shale" y las arenas bituminosas del Canadá[63]- chocarán con el otro límite, el del calentamiento global y la alteración del clima.

La ilusión de los nuevos yacimientos (shale-gas y shale-oil) refuerzan, no disminuyen, las emisiones de CO_2[64].

En consecuencia, lo previsible es que el género humano comience una marcha diacrónica hacia cambios globales.

Ese cambio tendrá la dirección de volcar inteligencia en la reconversión, generar fuentes energéticas limpias, la austeridad en el consumo de recursos naturales, el obligatorio abandono de la banalidad en el tratamiento de la convivencia con el entorno y

---

[63] La extracción de petróleo de las arenas bituminosas es objeto de fuertes controversias. Este sitio incluye un video sobre sus efectos en el medio ambiente: http://www.alpoma.net/tecob/?p=1699 – Link extraído el 24/5/2013

[64] http://www.opsur.org.ar/blog/2012/12/28/los-hidrocarburos-no-convencionales-y-el-cambio-climatico-solucion-o-agravante/. Link extraído el 31/10/2013.

el renacimiento de la ética global –para con el planeta, para con los seres vivos y para con los congéneres-.

Quienes más rápido lo adviertan, marcarán el rumbo. Generarán prestigio, desarrollarán tecnologías adecuadas que otros necesitarán, generarán nuevas pautas éticas y nuevos estilos de economía, gobierno y comportamiento humano.

Este cambio no es una visión futurista dirigida a las generaciones que vienen, sino que se producirán en el mundo en los próximos y cercanos años. Ya se están produciendo.

Pocos conflictos heredados tendrán espacio en un mundo que deberá sortear nuevas y lascerantes tensiones por la propia supervivencia.

Aludíamos al diacronismo del cambio. Será así porque no todos tendrán el mismo ritmo de reconversión, no todos se darán cuenta al mismo tiempo y no todos comprenderán la necesidad de cambio en el mismo instante.

Señalaremos dos campos en los que el cambio comenzó: la alimentación y la energía.

La presión sobre los alimentos se refleja en la evolución de sus precios. Virtualmente todos los alimentos han seguido una tendencia al alza en forma estructural.

La Organización de las Naciones Unidas para la Alimentación y la Agricultura (FAO) indica un crecimiento estructural de su índice de precios alimentarios de más del 15 % en la primera década del corriente siglo[65].

---

[65] http://www.fao.org/worldfoodsituation/wfs-home/foodpricesindex/es/ -
Link extraído el 24/5/2013

Aún con las oscilaciones puntuales producto de los buenos no tan buenos años de producción, la tendencia es siempre al alza. Prácticamente no hay ningún grupo de alimentos cuyos precios se analizan que se hayan reducido, y algunos de ellos han sufrido aumentos estables de hasta el 30 %.

Los incrementos de precios alimentarios reflejan además una presión adicional: la competencia de los suelos cultivables con las producciones bioenergéticas.

La colza destinada a la producción de biodiesel desplaza al trigo, la cebada y la propia soja, debido al incremento correlativo del precio de la energía.

La aparición del nuevo ciclo de hidrocarburos fósiles a raíz de las tecnologías del Shale y de las arenas bituminosas puede aliviar esta tensión y coyunturalmente reducir esa presión.

Sin embargo, como está dicho, el precio de esta novedad será incrementar el calentamiento global por el aumento de las emisiones de CO_2.

La energía, entonces, corre cercana a los alimentos en la evolución de su precio, y ello también en razón de su escasez. El crecimiento de población, y la incorporación de cada vez mayores contingentes humanos a niveles de consumo bienestar demanda ambas cosas: alimentos y energía.

La demanda de alimentos seguirá previsiblemente una línea sostenida, y ello repercutirá en su precio, aunque también en tensiones por la pobreza y el hambre.

Para la Argentina es una buena noticia, pero también una demanda de previsión en desarrollo tecnológico, de infraestructura, de apoyo a los productores, de industrialización alimentaria, de inserción internacional y de una adecuada estrategia y previsión de defensa nacional.

La prevención que debe mantenerse es la sustentabilidad, la racionalidad en el uso del territorio, el cuidado del agua de riego y la diversificación de los cultivos.

En el caso de la energía, los cálculos especializados sugieren que el planeta tiene petróleo para sostener su demanda por veinte años, gas por medio siglo y carbón por ocho décadas. Esos cálculos permitirían el relativo optimismo de imaginar la sustentabilidad de las generaciones que hoy viven en la tierra.

Sin embargo, a medida que se acerque su agotamiento, la tensión por su apropiación será previsiblemente mayor.

Una tensión que –recordemos- no se da en una sociedad mundial organizada, pacífica y racional, sino atravesada por ansiedades, viejas tensiones y recelos, diferencias de recursos y ausencia de una normativa global aplicada por gobiernos transparentes, democráticos y respetuosos de la ley.

Ese escenario –previsible, posible, dramáticamente presente ya hoy en varios lugares críticos del planeta- es lo que obliga a pensar en el cambio.

Cambio alimentario, cambio energético, cambio en la modalidad de la convivencia, cambio en las formas de vida.

Como está dicho, el balance de costos y beneficios no aconseja a la Argentina destrozar su subsuelo para darle un nuevo impulso a la quema de hidrocarburos.

Una convivencia virtuosa no necesita agredir la geología para obtener rentas adicionales, mucho menos ante los riesgos y el abanico de incertidumbres que abre tal alternativa.

El escenario mundial no es un espacio ajeno a cada habitante del planeta. Todos estamos inmersos en él, aunque se esconda en el ruido local, en la aparente mayor trascendencia de la política diaria de cada región o país o en las angustias de la sobrevivencia cotidiana.

Y ese cambio también atraviesa la vida de cada ser humano, de cada pueblo o región, de cada país.

Sólo soja, o diversificación del uso de la tierra. Es un dilema y también una decisión, que no es inocente.

"Sólo soja" significa elegir y privilegiar la obtención de rentas rápidas, indiferentes por el futuro.

"Diversificación" significa prever lo que viene y adecuarse a la preservación del suelo, del ambiente, de la diversidad biológica y de una forma de vida en armonía con la naturaleza.

Una opción que no puede volcarse a cada productor, sino que debe enmarcarse en decisiones integrales.

Así como "Sólo soja" busca obtener rentas rápidas —y gastarlas, lamentablemente, con dispendio-, "diversificación" debe prever el delicado funcionamiento de los ecosistemas, con tratamientos que estimulen y penalicen el buen y el mal uso del recurso de territorios, aguas, biología y recursos minerales.

Y cuando existan rentas, no gastarlas alegremente, sino utilizarlas para avanzar en el propósito de una sociedad inteligente, energéticamente austera, culturalmente elevada, socialmente equitativa.

Noruega es, en este sentido, otro ejemplo. Sus excedentes petroleros no fueron dilapidados en sostener un consumo financiado con las reservas del planeta, sino sirvieron para financiar un fondo de reserva para tiempos difíciles que ha llegado a ser uno de los principales fondos de inversión del mundo.

Su utilización para sostener su sistema previsional[66] es la precisa contracara de la política argentina de utilizar recursos del sistema previsional para sostener el déficit de la empresa petrolera oficial[67] recientemente estatizada.

"Vaca Muerta" es el equivalente energético de "solo soja". "Energías renovables" es el equivalente a la "diversificación" de los cultivos.

Una antigua explotación frutal en el Alto Valle, talada para destinar a la extracción de petróleo por "fracking"

---

[66] http://es.wikipedia.org/wiki/Government_Pension_Fund_of_Norway - Link extraído el 26/5/2013
[67] http://www.losandes.com.ar/notas/2012/12/18/ypf-anses-aportara-hasta-3.500-millones-686395.asp - Link extraído el 26/5/2013

Vaca Muerta es profundizar la dependencia, apuntar a las rentas rápidas, creer que se solucionan los desequilibrios generados por la incapacidad de gestión y de la propia organización económica y social cargándolos en la cuenta del planeta –es decir, del futuro próximo-.

Es ignorar el daño a las próximas generaciones, pero también a nosotros mismos en los próximos y cercanos años. Es conspirar contra el desarrollo tecnológico, la sofistificación y progreso social.

Es reproducir una de las consecuencias de las rentas petroleras en las sociedades que viven de ellas: democracias inexistentes o reducidas, políticas corruptas, indiferencia por el progreso humano, creación de clientelismo, estratificación de la pobreza, aparición del terrorismo y la intolerancia.

"Sólo soja" es destrozar el suelo con su agotamiento y erosión. Vaca Muerta es destrozar el subsuelo con su ruptura y contaminación.

En ambos casos, el objetivo –inmoral, desde las perspectivas de las obligaciones con la especie humana y el planeta, nuestra casa común- es disponer de riquezas que se le extraen sin responsabilidad.

El llamado no es a comportarse como héroes, sino a elegir hacernos responsables de nuestros actos.

Por supuesto que es posible seguir erosionando nuestro suelo.

Por supuesto que es posible vaciar hasta la última gota de hidrocarburos, minerales y agua del subsuelo.

Por supuesto que está al alcance terminar con el litio, el cobre o el oro que atesora el planeta en el territorio argentino.

Por supuesto que también existen glaciares para destrozar en la explotación minera y paisajes que aún pueden despedazarse con la gran minería a cielo abierto para obtener —una vez más- rentas que mejoren la vida hoy.

Tan seguro como que también es posible hacer todo lo contrario: tomar como seres humanos libres y conscientes la decisión de construir una convivencia armónica.

Es posible preservar la riqueza de montes y glaciares.

Es posible disfrutar el entorno maravilloso heredado sin hacer nada para merecerlo.

Es posible reconvertir las conductas —como país, como región, como personas- para no seguir expoliando esa herencia, sino haciéndola crecer con inteligencia, dedicación y trabajo creador.

Es posible potenciar la cultura de los jóvenes para que vivan en una sociedad sin la tensión del crimen por las carencias y sepan valorar el siempre sorprendente legado de un planeta que, cuanto más se conoce del universo que nos rodea, más notamos su excepcionalidad, su generosa benignidad para con la vida.

Y su belleza.

Libro de edición argentina
Terminado de editar el 6 de mayo de 2014
Libre de reproducción total o parcial citando la fuente
Edición electrónica gratuita:
http://www.lulu.com/content/14496439
Edición impresa por demanda
www.createspace.com
www.amazon.com

www.ingramcontent.com/pod-product-compliance
Lightning Source LLC
Chambersburg PA
CBHW040807200526
45159CB00022B/38